착한 에너지 기행

착한 에너지 기행
기후정의 원정대, 진짜 녹색을 찾아 세계를 누비다

지은이 김현우·이강준·이영란·이정필·이진우·조보영·한재각
펴낸곳 이매진
펴낸이 정철수
편집 기인선 최예원
디자인 오혜진
마케팅 김둘미
첫 번째 찍은 날 2010년 9월 10일
두 번째 찍은 날 2011년 10월 20일
등록 2003년 5월 14일 제313-2003-0183호
주소 서울시 마포구 합정동 370-33 3층
전화 02-3141-1917
팩스 02-3141-0917
이메일 imaginepub@naver.com
블로그 blog.naver.com/imaginepub
ISBN 978-89-93985-30-6 (03530)

착한 에너지 기행

기후정의 원정대,
진짜 녹색을 찾아
세계를 누비다

김현우 · 이강준 · 이영란 · 이정필
이진우 · 조보영 · 한재각 지음

이매진

차 례

1부 석유 독립으로 꿈을 이룬 착한 도시들

4부 기후정의와 정의로운 전환을 위해, 연대하라

바야흐로 녹색의 전성시대다. TV나 신문에서는 연일 기후변화에 관한 위험과 재앙을 경고하는 내용들이 나오고, 정부나 기업들은 녹색 사업과 정책을 홍보하기에 여념이 없다. 심지어 대통령은 '저탄소 녹색성장'을 국정 기조로 내세우기도 했다. 지구적으로도 국제 정상회담에서 녹색이나 기후변화라는 주제가 주요 단골 메뉴가 됐으니 가히 전성시대라 할 만하다.

여기, 정부나 기업 그리고 언론에서 친절하게 제공해주는 '녹색 분칠'에 '딴지'를 걸고 나선 사람들이 있다. 유럽은 물론이고 인도네시아, 타이 등 동남아시아에서 아프리카까지 전세계를 발로 뛰며 모은 에너지와 기후변화 그리고 지역 경제까지, 소중한 정보들이 이 책에 담겨 있다. 책에 나와 있는 발자취를 따라가다 보면 자연스럽게 에너지와 기후변화의 근본적인 문제가 무엇인지, 해결 방법은 무엇인지 깨닫게 된다. 정부와 기업에서 추진하고 홍보하는 녹색들이 얼마나 표면적이고 졸속으로 진행되고 있는지도 덤으로 알게 된다.

따라서 이 책은 단순한 기행문이 아니다. 에너지와 기후변화에 관심은 있지만 전문적인 내용은 잘 모르시는 분들께는 훌륭한 길잡이 구실을 하게 될 것이다. 동시에 녹색을 내세우지만 실제로는 환경과 주민들의 삶을 파괴하는 선진국과 기업에 관한 훌륭한 비판서이기도 하다. 대기업 공장이나 일회성 행사 유치가 아닌, 지역 경제 발전을 위해 더 좋은 대안을 고민하는 분들께는 풍부한 사례집과 가이드라인이 될 것이다.

'진짜 녹색'은 에너지 개발에서 중앙집권적인 기존의 방식이 아니라 시민 스스로 참여하는 데 기반을 둔 지역 분권을 지향한다. 기후변화에 대응하고 화석연료를 재생 가능 에너지로 전환시키는 과정에서 사회적 약자를 배려하고 정의로운 분배가 가능할 수 있게 하는 것이 우리의 절실한 과제다. 이것을 통해 우리 사회는 초록복지국가로 나아갈 수 있다. '가짜 녹색'이 판치는 요즘 세상, 이 책이 널리 읽히기를 소망한다.

2010년 8월,

진보신당 국회의원 조승수

희망과 열정으로,
그리고
슬픔과 분노로
그곳에 갔다

2008년 5월, 인도네시아

인도네시아 자카르타를 떠나 비행기와 자동차, 그리고 모터보트를 갈아타면서 24시간이나 걸려 보르네오 섬으로 알려진 칼리만탄 주 센타룸 국립공원에 도착했다. 바다라고 느껴질 정도의 넓은 열대우림이 그들을 반겼지만, 그들은 결코 팔자 좋은 관광객일 수 없었다. 그들이 들고 있는 노트 위에 국립공원 근처 마을에서 만날 이장의 이야기를 빽빽이 기록하고, 한쪽 어깨를 처지게 할 만큼 만만치 않은 무게의 캠코더로는 벌꿀을 채취하는 지역 주민의 걱정을 촬영해야 하는 일이 기다리고 있었다. 기후변화, 바이오디젤, 팜 오일 플랜테이션. 이런 키워드가 어떻게 지역 주민들을 곤궁에 몰아넣고 있는지 목격하고 고발하기 위한 힘겹고 슬픈 여행이었다. 그들의 여행은 석유와 천연가스 개발 사업으로 쫓겨난 버마(미얀마) 사람들의 난민 캠프가 있는 타이 북부와 버마 국경 지역으로 이어진다.

2008년 7월, 오스트리아

호기심을 끄는 것은 새로 맛보는 맥주만이 아니었다. 헝가리와 국경을 마주하고 있는 오스트리아 변방의 시골 도시인 귀씽의 놀라운 실험과 변화, 그리고 무엇보다도 그 변화를 이끌어낸 전직 농구 국가대표 출신의 귀씽 시 공무원의 인생 이야기가 그들의 눈을 반짝이게 했다. 오스트리아에 왔으니 수도 빈 관광이라도 하루 할 수 있었겠지만, 무작정 이 조그만 도시까지 달려온 것은 그 사람의 이야기를 듣기 위해서였다. 외딴 농촌 마을이 지역 에너지 자립 실험으로 전세계의 주목을 받게 된 경험담은 온실가스를 내뿜으면서까지 먼 길을 달려온 그들의 머리와 가슴 속에 열정과 상상력을 가득 채워주었다. 그들이 나선 길은 독일, 일본, 영국 곳곳의 창조적 실험과 그것을 일궈낸 사람들을 찾아서 계속된다.

2009년 11월, 라오스 싸이냐부리

2년간의 라오스 생활을 끝내고 한국에 돌아온 그녀는 다시 라오스로 떠났다. 수도 위양짠Vientiane에서 버스로 열여섯 시간을 가고, 다시 비포장 산길을 따라 네 시간을 더 가야 도착하는 두메산골의 한 중학교가 최종 목적지였다. 그녀가 도착하기 직전 설치를 마친 교실과 기숙사의 태양광 발전기와 전구 등이 제대로 작동하고 잘 쓰이고 있는지 확인하러 가는 길이다. 매컹(메콩 강)에서 생산되는 전기를 타이로 수출하면서도 인프라가 부족해 산간 마을에서는 전기 구경을 하기 힘든 라오스. 이제 이곳 라오스 산골 학교에 저녁 몇 시간이라도 전등을 밝힐 수 있게 되었다. 그녀의 동료들은 현지 NGO의 도움으로 버마 난민 캠프에 태양광 발전기를 설치하고 재생 에너지 기술 교육을 진행했다.

2009년 12월, 영국 런던

비틀즈가 건넌 횡단보도가 있어 유명해진 런던의 애비로드도 다녀오지 못했다. 대신 그는 노동조합이 기후변화 문제에 어떻게 대응하고 있는지 보고 듣기 위해서 한국의 노동조합 활동가들과 함께 영국노총 사무실을 방문해야 했다. 만약 시간이 있어서 관광을 할 수 있었더라면, 아마도 대영박물관에 가야 했을 것이다. 영국노총이 시범으로 진행한 '작업장 녹색화' 프로그램이 진행되고 있는 곳이기 때문이다. 그의 런던 관광 사진은 코펜하겐에서 제대로 된 기후변화 협상이 진행되라고 촉구하기 위해서 환경 단체와 노조가 48시간 농성을 펼치고 있는 트라팔가 광장의 텐트와 현수막 앞에서 찍은 것이었다. 그는 곧이어 코펜하겐으로 이동해 국제노총이 개최하는 행사에서 한국의 녹색성장의 허구성을 고발하는 토론회를 주관하고 발표해야 했다. 미리 도착해 있는 동료들이 그를 맞이해줄 것이다.

2009년 12월, 덴마크 코펜하겐

그는 자타가 공인하는, NGO 영역에서 활동하는 기후변화 국제회의 분야의 전문가다. 2002년 인도 뉴델리에서 개최된 8차 기후변화 협약 당사국 총회COP부터 2009년 덴마크 코펜하겐에서 열린 15차 회의까지 꼬박 참석했다. 나이지리아와 인도네시아에서 기록한 그의 관찰은 제3세계에 관한 애정과 안타까움을 담고 있었다. 그리고 그는 선진국들의 위선에 관한 경멸과 불평등에 향한 분노도 묵묵히 기록했다. "강간은 이제 그만!"이라는 슬픈 표어가 붙은 길거리의 커다란 쓰레기통과 잘 정비된 가로수, 현대식 건물과 성능 좋은 에어컨이 작동되는 기후변화 협상장이 대비되는 나이로비의 풍경은 그의 '기후정의Climate Justice'에 관한 열망을 고조시킨다. 그를 따라서 캐나다 몬트리올, 폴란드 포즈난, 덴마크 코펜하겐까지 뜨거운 역사 현장을 따라갈 수 있다.

사람들은 우리를 '에정센터'라고 줄여 부르며 재미있어 한다. 우리도 그 재미를 즐기고 있다. 안팎으로 답답한 일뿐인 이 세상에서, 이런 말장난으로 낄낄거리며 웃는 것도 소중한 일이다. 에너지정치센터. 이 책을 기획하고 짧고 긴 글을 쓴 사람들은 모두 에너지정치센터(그리고 부설인 에너지기후정책연구소. 이것도 약칭이 '에정연구소'다!)의 활동가다. 전체 이름을 들으면 사람들은 긴장한다. '정치'라는 말이 들어간 이 단체의 정체는 대체 뭘까? '정치'는 더럽거나 위험한 것이라는 사회적 편견에 어려움을 겪더라도, 우리는 하고 싶은 이야기와 일이 있어 이 이름을 고집한다. 우선 그것은 '기후정의'와 '적록연대' 쯤이라고 해두자. 그러나 그 이야기 방식은 아마도 변칙적일 것이다. '정치'라는 용어가 자아낸 근엄함은 살짝 미뤄두고, 우리는 '여행기'를 쓰기로 했다.

에정센터는 2010년 봄에 창립 2주년을 맞은 새내기 조직이지만, 이런저런 일로 해외에 나간 일을 따져보니 제법 된다. 누군가 "에정여행사 아니냐?"고 놀릴 정도로 많이도 다녀왔다. 센터와 연구소의 활동가들은 여럿이 혹은 혼자서, 다른 활동가와 연구자들과 함께 또는 단독으로 유럽, 아시아, 북미, 아프리카의 여러 나라와 지역을 방문했다. 우리의 모색이 절실하고 또한 폭 넓은 탓이라고 자평해본다. 그런 방문과 여행을 통해서 얻은 경험과 공부는 여러 연구 보고서와 언론 기고를 통해서 기록되고 보고되었다. 이제 그 경험과 공부를 더 쉽고 편한 방법으로 더 많은 사람들과 나누려고 이 여행기를 기획했다. 우리의 여행기는 독자들을 세계의 여러 나라와 지역으로 이끌겠지만, 그곳에 어떻게 가는지, 얼마나 비용이 드는지, 꼭 챙겨 봐야 할 관광지는 무엇인지 얘기하지는 않는다. 대신 기후변화를 어떻게 인식해야 하는지, 그 희망찬 해결책은 무엇인지,

12

또 우리가 함께 나눠야 할 고통은 무엇인지 고민하게 해줄 것이다. 서점 직원은 우리의 여행기가 여행 서적인지 사회과학이나 교양 서적인지 고민하게 될 것 같다(그러면 성공이다).

우리의 여행에 이름을 붙여 본다면 뭐가 좋을까? 이 책을 기획한 동료는 '착한 에너지를 찾아 떠나는 여행'이라고 했다. 대번에 나올 질문이 있다. 대체 뭐가 '착한 에너지'냐? 우선 생각해볼 수 있는 것은 환경 문제와 관련한 부분일 것이다. 자원이 한정되어 있고 갈등을 유발하며 기후변화와 환경오염을 낳는데다 중앙 집중적이고 권위적인 체제를 불러오는 화석연료와 원자력이 아니라, 자연의 순환 과정에서 얻을 수 있으며 지역 분산적이고 더 민주적인 사회 체제에 친화성이 있는 태양력, 풍력, 바이오매스 같은 재생 에너지가 착한 에너지다. 그러나 좁은 의미의 환경 문제만으로 이야기할 수 없다. 이미 중앙 집중적이고 권위적인 체제와 지역 분산적인 민주적 체제를 대비시켜 보았지만, 착한 에너지는 환경 친화적 에너지이면서 사회적으로 정의로운 에너지여야 한다. 유럽과 미국에서 시민들이 온실가스 배출을 줄이려고 사용하는 바이오 연료가 누군가의 식량을 줄이고, 농민의 땅을 빼앗고, 강과 산림을 훼손하는 것이라면 착한 에너지라고 할 수 없다. 우리는 환경 친화적이면서도 사회적으로 정의로운 에너지를 찾아서 여행을 떠났다. 어떤 때는 희망차고 즐거운 여행이었지만, 어떤 때는 슬프고 힘든 여행이기도 했다. 삶이 그렇듯, 여행도 희로애락이 모두 함께하는 듯하다. 그래도 여러분도 우리와 함께 여행을 한번 떠나보는 것이 어떻겠냐고 손을 내민다.

이미 이야기했지만, 이 책에 실린 글들은 한 사람이 일관되게 쓴 것이 아니라, 에정센터의 여러 활동가가 나눠 쓴 것이다. 또 이미 쓴 글을 바탕으로 수정한 것도 있으며, 어떤 글은 이번에 새로 쓰기도 했다. 그래서 조금씩 글맛이 다르다. 진짜 여행기라고 해도 좋을 감성적인 글도 있고, 읽기에 조금은 딱딱하게 전문 지식과 정보, 주장이 많이 실린 글도 있다. 편히 읽을 수 있게 최대한 글을 가다듬었지만, 충분하지 않다고 느끼는 사람이 있을 수 있다. 그것이 이 책에 큰 흠이 되지 않기를 바란다.

마지막으로 이 책이 나오기까지 도와주신 모든 분들께 감사드린다. 우리의 여행을 위해서 재정 지원을 해준 기관들과 여러 고마운 분들, 방문 지역의 단체와 관계자의 섭외, 통역을 도와주신 모든 분들께 깊은 감사를 드린다. 또 이미 게재된 글을 수정해 이 책에 실을 수 있게 해준 여러 언론 매체에 감사드린다. 에정센터와 연구소를 후원해주시고 지지해주시는 많은 분들이 있어서, 이 책을 쓸 수 있었다. 우선 에너지정치센터의 회원 여러분에게 감사드리고, 그 밖에 일일이 거론하지 못하지만 직간접으로 격려하고 응원해주시는 모든 분들께 감사드린다. 마지막으로 이 책의 기획을 응원해주고 적극적으로 협력해주신 이매진 출판사의 여러분, 특히 정철수 대표님과 편집을 맡아준 기인선 씨께 감사드린다.

이 책이 이 모든 분들의 후원과 지지가 보람 있는 일로 여길 수 있는 증거가 되기를 희망한다.

2010년 8월,

모든 필자들을 대신하여 한재각 씀

1부

석유 독립으로
꿈을 이룬
착한 도시들

Germany
Austria
Japan
United Kingdom

에너지정치센터의 독일과 오스트리아 지역 에너지 연수는 훔볼트대학교에서 유학 중인 박수진 씨가 현지에서 꼼꼼히 일정을 만들어준 덕분에 가능했다. 또한 영국 연수는 주한 영국대사관이, 일본 연수는 도요타 재단이 후원했다. 무엇보다 낯선 이방인들을 기꺼운 마음으로 따뜻하게 환대해준 모든 분들께 지면을 통해 감사와 연대의 인사를 보낸다.

독일

녹색 에너지의 메카,
독일을 가다

이강준

일정 2008년 7월 1~3일, 7월 9~11일

장소 프랑크푸르트, 마인츠, 브리켄펠트, 모바크, 베를린

참여 박진희(동국대학교 교수), 이강준(에너지정치센터), 이정필(에너지정치센터), 이유진(녹색연합)

germany

2008년 7월 1일 저녁 일곱시, 비행기는 예정대로 독일 프랑크푸르트 공항에 도착했다.

수속을 마치고 미리 예약해 둔 공항 근처 렌터카 회사로 직행했다. 독일에서 공부한 박진희 교수님의 유창한 통역이 빛을 발하는 순간이다. 사실 보름 동안의 독일과 오스트리아 지역 에너지 연수 기간 내내 박진희 교수님이 많이 고생하셨다. 독일어를 전혀 하지 못하는 우리들을 위해 길 안내와 통역, 심지어 식사 주문에 이르기까지 시시콜콜한 잡무를 도맡아 하셨다.

이미 어둑해진 도로를 달려 숙소에 도착해 여장을 풀기 무섭게 호텔 주변의 식당을 찾아 저녁을 겸해 유명한 독일 생맥주를 마셨다. 그네들의 식사 문화는 물이나 음료수, 또는 맥주를 별도로 주문하게 하는데, 맥주가 맛이나 경제적인 측면에서 여러모로 유리하다. 사람들마다 외국에 갔을 때 그 나라를 이해하는 방식이 다르겠지만, 나는 원주민들이 일상을 달래는 선술집부터 찾는다.

개인적으로 술을 좋아하는 것도 이유지만, 어느 나라나 선술집의 분위기는 삶의 냄새가 진하게 묻어난다. 그리고 호기심 때문일지는 몰라도 대개 호의를 담은 얼굴로 이방인을 대한다. 독일의 첫날밤은 일단 여유롭다.

재생 가능 에너지로 100만 전기 자동차 시대를 연다

이튿날 독일에서 맞은 첫 일정은 독일 연방의원인 녹색당의 바르벨 호엔Bärbel Höehn 의원 인터뷰였다. 어디든 정치인의 일상은 바쁘다. 그녀가 지방 출장을 가는 중간의 환승 시간을 활용해 프랑크푸르트 역사에서 만나기로 했다. 녹색당 원내 부대표인 호엔 의원은 여행용 가방을 끌고, 수행원 없이 혼자 기차를 타고 약속 시간에 맞춰 도착했다. 첫 만남부터 인상적이다.

호엔 의원은 10년간 노르트라인베스트팔렌 주의 환경농업장관을 지냈다. 열정적인 여성이자 녹색당의 대표 정치인으로, 독일과 유럽 차원의 녹색 에너지 전환을 위한 다양한 정책을 입안하고 있다. 우리는 배럴당 100달러가 넘어 세계 경제를 강타한 고유가 문제와 독일의 에너지 정책에 관해 간담회를 진행했다.

호엔 의원은 고유가 대책은 석유 의존도를 줄이는 것에서 찾아야 하고, 무엇보다 철도 중심 교통 체계로 개편하는 것이 중요하다고 강조했다. 아울러 바이오디젤의 원료를 공급받기 위해 동남아시아의 환경을 파괴하고, 원주민의 생존권을 위협하고 있다는 비판에 직면한 팜 플랜테이션 관련해 유럽 차원의 '지속성 규정'*을 설명했다. 특히 간담회가 진행되는 동안 호엔 의원은 100만 전기 자동차 정책과 유럽 차원의 재생 가능 에너지 공급망 연결을 강조했고, 석탄 화력 발전소를 증설하려는 독

● 독일의 '지속 가능 에너지 관리 규정'은 바이오 연료 생산 과정에서 일어나는 열대우림 파괴, 동식물 멸종, 저임금 노동력 착취 문제를 인식해, 이런 문제를 초래하는 바이오 연료를 재생 에너지로 인정하지 않고 정책 지원도 하지 않기로 한 결정이다(예: 바이오디젤 인증제).

일의 정책을 강도 높게 비판했다.

독일의 발달한 자동차 산업을 기반으로 풍력이나 태양광을 확대해 전기 자동차를 늘리겠다는 독일 녹색당의 전략은 자연스러워 보인다. 다만 한국의 경우 자동차 산업을 기반으로 하는 것은 독일과 같지만, 원자력 발전소를 증설해 전력을 공급하려는 계획이기 때문에 한국에서 전기 자동차를 무작정 환대하려는 시도는 위험하다. 귤이 회수를 건너면 탱자가 된다고 했던가.

쓰는 양보다 많은 에너지를 생산하는 대학교

인상적인 인터뷰를 마치고, 우리는 트리어대학교 환경 캠퍼스로 이동했다. 이 대학은 자신들이 쓰는 에너지보다 더 많은 에너지를 생산하고 있는 곳이다. 독일 연수의 모든 일정을 미리 정해준 박수진 씨가 우연히 찾아낸 곳이다. 수진 씨는 한국에서 교사 생활을 하다가 지금은 훔볼트대학교에서 유학 중인데, 교육과 인권 문제를 고민하는 사람답게 사람에 관한 애정이 넘치는 분이다. 아무런 대가 없이 편지와 전화로 연수 일정을 사전에 완벽하게 준비해 주었을 뿐만 아니라, 베를린에서는 통역과 가이드까지 도맡아 주었다.

시골길을 달려 도착한 트리어대학교 환경 캠퍼스는 소박하지만 제법 규모가 큰 곳이었다. 1996년 미국식으로 캠퍼스를 만들었고, 학생 수는 2300명 정도다. 수업은 응용 가능하고 집행이 쉬운, 실용적인 것을 중요하게 생각한단다. 특히 독일뿐만 아니라 전세계적으로 재생 가능 에너지의 잠재량을 연구하고 기술적·경제적 타당성을 검토하는 프로젝트로 유명하다. 트리어대학교는 우리가 들르기 얼마 전에 대학이 있는 라인란트팔츠 주 정부의 바이오 에너지 정책을 입안했다고 한다.

트리어대학교에 도착한 우리는 예쁜 유채 그림이 그려진 스쿨버스 앞에서 한동안 사진을 찍으며 부산을 떨었다. 석유가 아닌 유채로 만든 바이오디젤로 달리는 버스라는 것을 단번에 알 수 있었다. 달리는 친환경 에너지 광고판인 셈이다. 사실 최초의 디젤 엔진은 콩기름을 연료로 쓰도록 개발됐기 때문에, 이름 그대로 '기름이 많은 나물'인 유채油菜는 최적의 자동차 연료인 셈이다. 한국에서도 부안을 중심으로 유채를

석유 대신 유채 기름으로 달리는 스쿨버스

이용한 바이오디젤 사용을 확산하려는 노력이 계속되고 있다.

우리는 약속 장소로 가면서 캠퍼스 곳곳에 흩어져 있는 재생 가능 에너지와 에너지 효율을 고려해 두꺼운 벽채와 삼중창으로 지은 건물들을 카메라에 담았다. 트리어대학교 환경 캠퍼스는 자신들이 사용하는 에너지보다 더 많은 에너지를 생산하고 있다. 캠퍼스에 설치한 태양광 발전 설비는 모두 12MW 규모로 연간 8000시간 동안 10만MWh의

지붕과 창문에 태양광 발전기를 설치해 전기를 생산하고 있는 건물.

두꺼운 벽채와 삼중창을 써서 에너지 효율을 생각한 건물 구조.

전기를 생산하고 있다. 또한 지열, 태양열, 빗물 이용, 폐목재 바이오가스 설비가 있다.

우리는 트리어대학교 환경 캠퍼스의 연구자들이 중심이 돼 만든 비영리 연구 법인인 IfaS의 페터 헤크Peter Heck 소장과 간담회를 진행했다. IfaS는 2001년 설립됐고, 지질·국제통상·환경 정치·경제·기술 엔지니어 등을 전공한 다섯 명의 교수가 일하고 있다. IfaS는 EU와 독일 말고도 칠레, 중국, 인도 등 여러 나라의 지역과 도시 차원의 지역 에너지 체계와 관련한 프로젝트를 진행하고 있다.

IfaS는 '주택의 에너지 효율화와 재생 가능 에너지 설치', 'EU 차원의 가시적인 전력망 연구', '태양열과 펠릿(목재 부스러기를 담배 필터 모양으로 압축한 소재) 프로젝트', '지자체의 재생 가능 에너지 잠재량 분석', '공무원 교육 훈련과 중소기업 환경 부문 마케팅' 등 다양한 주제를 연구하고 있다. 특히 실용적인 연구에 강조점을 두고, 지자체와 기업, 주민들에게 컨설팅을 하고 있다. 재생 가능 에너지 잠재량 조사와 컨설팅을 통해 지역 차원의 에너지 자립을 지원하는 것이다. 예컨대 IfaS가 자리한 라인란트팔츠 주의 "무배출ZERO EMISSION 프로젝트"를 통해 바일러 바트 지역의 경우 에너지 자립률을 50퍼센트까지 달성했다고 한다. 특히 에너지 문제만이 아니라, 빗물 수거 시스템으로 빗물을 화장실과 에어컨 물로 사용하는 등 '지속 가능한 자원 순환형 공동체'라는 철학적 기반을 갖고 있었다.

간담회가 끝나고 헤크 소장은 우리를 바비큐 파티에 초대했다. 이곳에서 공부하고 있는 외국 유학생들을 위한 파티란다. 캠퍼스 안에 있는 게스트하우스에 여장을 풀고, 간편한 복장으로 캠퍼스 안의 퍼브Pub로 향했다. 우리가 갔을 때는 이미 학생들이 모여 앞뜰에 장작을 쌓아 소시지를 굽고 맥주를 나르는 등 유쾌하게 부산을 떨고 있었다. 피부색만큼이나 다양한 국적의 학생들은 스스럼없이 우리 일행에게 다가와 건배를 권했다. 뜻하지 않은 독일식 파티에 참가해 독일 문화를 엿볼 수 있는 행운을 만났다. 유럽 연수의 출발이 상쾌하다.

"탈석유가 급선무다"

독일 녹색당 원내 부대표 호엔 의원

독일 녹색당 원내 부대표 호엔 의원(출처: 녹색당 홈페이지).

독일 녹색당의 호엔 의원 인터뷰는 7월 2일 프랑크푸르트 중앙역 안에 있는 카페에서 진행했다. 호엔 의원은 1995년부터 2005년까지 10년 동안 노르트라인베스트팔렌 주의 환경농업 장관으로 일했다. 지금은 연방 하원의원으로 활동하고 있고, 녹색당에서 농업·에너지·그린빌딩 위원회 위원장을 맡고 있다.

최근 세계적으로 고유가 문제가 심각하다. 독일의 고유가 정책을 소개해달라.

지금까지 독일 정부의 고유가 정책은 특별히 입안된 것이 없다. 독일은 미국에 견줘 고유가에 따른 충격이 덜하기 때문이다. 독일은 에너지 절감과 재생 가능 에너지 확충을 위해 노력했다. 앞으로 고유가 상황이 지금처럼 거세지는 않겠지만, 그렇다고 급격하게 내려가지는 않을 것이다. 석유 생산은 한정되고 수요는 계속해서 증가하기 때문에, 석유 가격의 상승은 불가피할 것으로 예측하고 있다.

수송 부분의 고유가 대책은?

무엇보다 탈석유가 급선무다. 또한 에너지 효율을 높이고, 화석연료를 바이오와 전기로 대체하며, 교통 유발을 줄이는 철도 중심 정책으로 옮겨가야 한다. 교통 부문 수요는 철도를 중심으로 해야 한다. 석유에 보조금을 지급하는 게 아니라, 철도에 투자해서 사람들의 이동 수요를 충족시켜야 한다. 독일에서 바이오 연료는 전체 연료의 6~7퍼센트 정도를 차지하고 있다. 전기 자동차는 규소이온 전지기술이 높아져서, 충전하면 하루에 평균 100킬로미터를 이동하는 것이 기술적으로 가능하다. 2년 전 녹색당은 100만 전기 자동차 시대를 주장했는데, 더 늘어날 것으로 보고 있다. 전기 자동차는 가솔린보다 4~5배 효율성이 높다. 100만 대가 늘어나도 전기 소비는 지금보다 0.3퍼센트만 늘어날 것으로 전망하고 있다. 전기 충전은 심야에 남는 전기를 사용하기 때문에 효율적이라고 본다. 전기 자동차는 소음과 공해에서 자유롭기 때문에 아주 도움이 된다.

산업 부문에 관한 정책은 어떤가.

일본에서도 이야기하고 있는 탑 러너 모델, 즉 에너지 효율이 가장 높은 모델을 정하고 3~4년 안에 다른 기업이 못 따라오면, 아예 시장에 진입하지 못하도록 규제하는 방식이 있다. 중소기업들이 물과 에너지를 절약했을 때 인센티브를 주는 정책도 마련하고 있다. 실제로 기업에서 에너지 효율 시스템을 갖추면 투자한 것을 금방 회수할 수 있을 정도로 제도적 보장이 되어 있기 때문에 잘 지킨다. 기업에서는 에너지 효율을 높이면 이익이 증가하므로, 동기 부여가 되고 있다.

독일의 바이오 연료 정책을 소개해달라.

적록 연정 때 순수 바이오 연료로 운영하는 화물 차량에 면세 혜택을 준 사례가 있다. 면세 혜택은 중소기업 쪽에 많이 주어졌고, 바이오디젤 이용이 늘어나는 데 영향을 주었다. 현재 면세 혜택은 줄이고 유채 등 혼합유에 혜택을 강화하는 방식으로 지원 정책을 추진하고 있다. 바이오 연료에서 가장 중요한 것은 효율성이다. 바이오가스가 중심에 있는데, 이것은 바이오가스가 특정 작물이 아니라 전체 식물을 원료로 하기 때문이다. 바이오가스는 천연가스와 섞어서 자가용에 사용하고 있다. 나도 이런 자동차를 쓰고 있다.

바이오디젤의 원료가 되는 팜 재배 때문에 동남아시아의 원시림이 파괴되어 오히려 기후변화를 가속화할 뿐만 아니라, 바이오에탄올은 식량과 충돌해 제3세계 식량난을 가속화한다는 비판이 있다.

독일은 '지속성 규정' 도입을 추진하고 있다. 바이오 연료 지속성 규정은 단작을 하지 않고, 생태의 다양성을 유지하며, 유전자 조작 기술을 사용하지 않는 것을 원칙으로 한다. 현재 기민당 쪽은 유전자 조작을 인정하자는 주장을 하고 있어 논쟁 중에 있다. 또한 지속 가능성은 사회적 기준을 가지고 유지하고 있다. 노예 노동이 있어서는 안 되고, 생태적으로도 열대 우림을 파괴하거나, 생물 다양성을 파괴하는 농사는 제어해야한다. 현재 유럽 차원에서 지속 가능성을 전세계에 관철시킬 수 있도록논의될 수 있게 노력하고 있다.

기후변화를 야기하는 석유 등 화석 에너지를 벗어나 에너지 자립을 달성하기 위한 대책은 무엇인가.

유럽 차원의 100퍼센트 재생 가능 에너지 전력 공급망 구축을 위한 논의를 진행 중에 있다. 독일 연방과 유럽 차원에서 정책을 수립하고 있는데, 주 정부는 연방 차원의 지원과 자체 재정으로 추가 프로그램을 운영한다. 에너지 자립에서 에너지와 기후변화의 문제는 도시의 하부구조가 변해서 에너지를 많이 사용하지 않고, 교통을 유발하지 않는 방향으로 인프라를 구축해야 해결된다. 그런 근본적인 변화가 없으면 해결하기가 힘들다. 새로운 인프라, IT산업의 발달에 따른 재택 근무 같은 종합적인 방향이 마련돼야 한다.

반환 미군 기지를
재생 가능 에너지 단지로
바꾼 모바크

트리어대학교의 유쾌한 기억을 뒤로 하고, 우리는 모바크로 향했다. 모바크는 원래 미군의 탄약고가 있던 곳이다. 이곳에서 보관하던 폭탄이 이라크 침공에 쓰였다고 한다. 이 지역은 면적이 146헥타르, 도로는 20킬로미터에 이른다. 지난 1996년 미군이 기지를 반환한 뒤 모바크 시는 이곳에 휴양지를 건설하려고 했지만, 투자를 유치하지 못해 실패했다. 고민 끝에 이 지역을 재생 가능 에너지 생산 단지로 만들기로 했단다. 약 10여 년 동안 재생 가능 에너지 단지를 만들었고, 지금은 안팎에서 크게 성공한 모델로 인정받고 있다. 2008년 전반기에만 2500명이 이곳을 방문했고, 한국의 한 방송사에서도 촬영해 갔다고 한다.

모바크 프로젝트를 담당하고 있는 미셸 그렐 씨를 만났다. 그렐 씨는 2미터에 육박하는 장신이었는데, 설명을 듣는 동안 고개가 아플 정도였다. 모바크의 실험은 지난 2000년 투자자 네 명의 이름 앞 글자를 따서 설립한 유비JUWI가 풍력 발전기를 설치하면서 시작됐다. 풍력 발전 단지를 조성할 때 주거 지역에서 800미터 떨어뜨린다는 기준이 있는데, 주민들의 소음 피해를 예방하기 위한 조치란다. 그리고 풍력 발전 단지를 설계할 때 주변 풍경을 고려하고 있으며, 철새들의 이동 경로는 새들이 바로 적응하기 때문에 크게 문제되지 않는다고 한다.

　　제주도에서 풍력 발전 단지 설치 문제로 업체와 주민들이 큰 갈등을 일으킨 사례가 있었는데, 아무리 착한 에너지라고 하더라도 건설 과정에서 주민들과 소통하는 과정은 아주 중요하다. 사람들의 주관은 다양해서 석유와 석탄을 대체하는 풍력 발전기가 흉물스럽고 시끄럽다는 부정적인 인식을 가질 수도 있기 때문이다. 또한 재생 가능한 에너지를 만드는 것 자체도 중요하지만, 이것을 통해 기후변화 문제와 에너지 효율화 등 자기 삶의 영역으로 관심을 확장하는 것은 에너지 자립에 중요한 요소다. 아무리 재생 가능 에너지 설비를 확충해도 주민들이 에너지를 낭비한다면 문제는 계속될 수밖에 없다. 실제 이런 사례가 심심치 않게 나타난다.

　　모바크의 주민들도 처음에는 반대가 심했다고 한다. 모바크 시가 중재에 나서고, 기업도 재생 가능 에너지 단지를 조성하는 과정에서 여러 차례 주민들과 대화를 나누면서 주민들의 참여를 보장했다. 현재 모바크 지역의 350가구 정도가 풍력 발전소에 직접 투자하고 있다. 처음에는 반대하던 주민들도 지금은 한밤에 풍력 발전기가 정지하면 고장이 났다고 전화를 할 정도로 적극적으로 참여한단다.

　　한편 지자체는 풍력 발전 회사한테서 풍력 발전기 한 기당 연간 1800유로(약 270만 원)의 임대료를 받는다. 현재 이곳에 모두 14기가 있는데, 이렇게 거둬들인 약 4500만 원의 임대료는 주민들을 위해 쓰인다. 설치된 풍력 발전기는 2MW 용량이고 높이 100미터에 날개 지름은 140미터인데, 이곳에서 연간 600만kWh의 전기를 생산하고 있다. 추가로 설치되는 것은 2.5MW 규모로 210미터 높이에 날개 지름이 104미터에 이른다고 한다. 현재 모바크에서 생산하는 전기로 모바크 인구 1만 4000

이야기를 나누는 미셸 그렐 씨와 박진희 선생님.

명이 사용하는 전기와 산업용 전기를 충당할 수 있다. 전력에는 에너지 자립을 달성한 셈이다.

모바크에는 풍력 발전기 말고도 태양광 발전소가 있다. 미군 기지의 군용도로 20킬로미터를 활용해 태양광 발전소를 만들었는데, 군 시설 보호를 위한 철조망이 지금은 태양광 전지를 보호하고 있다. 의정부 일대의 미군 기지를 풍력과 태양광을 이용한 재생 가능 에너지 단지로 만드는 상상을 해본다. 전쟁을 위한 군사 기지가 환경과 평화의 착한 에너지 단지가 되고, 그 과정에 주민들의 참여를 보장해 지역 경제가 활성화되며, 새로운 평화의 상징이 되어 관광 효과까지 누릴 수 있다면 일석삼조의 정책인 셈이다.

모바크의 단지 안에는 태양광과 풍력을 비롯해 폐목재를 이용해 열과 전기를 생산하는 설비와 축산 분뇨를 이용한 바이오가스 설비가 있다. 바이오가스 설비는 축산 분뇨에 옥수수·잔디·곡물 등을 발효해

서 전기와 열을 생산한다. 제재소의 톱밥이나 간벌목 등 폐목재를 이용해 펠릿 난방을 확대하고 있다. 펠릿 2킬로그램은 석유 1리터와 같다. 석유 난로보다 펠릿 난로가 두 배 비싸지만, 현재 펠릿은 석유 가격의 반밖에 되지 않는다. 모바크 시청은 펠릿으로 난방을 한다. 지속 가능성을 고려해, 지역에서 생산 가능한 선에서 점진적으로 확대해가고 있다. 또 시청 지붕에 태양광을 설치했는데, 여기도 주민들이 참여하고 있다. 학교에 설치한 태양광 발전소는 교육용으로도 활용하고 있었다.

모바크는 미군 기지 주변 마을에서 재생 가능 에너지로 지역을 재생시킨 모델을 만들고 있다. 모바크의 재생 가능 에너지 단지는 반환 미군 기지에 주민들의 참여를 보장하면서, 풍력 발전소와 태양광 발전소, 바이오 열병합 발전소 등을 차례로 설치해 만든 것이다. 특히 주민들의 지분을 보장하고, 풍력 발전기와 주거 지역 사이에 거리를 둬 조망권을 보호했으며, 지자체와 기업, 주민이 상생하는 모델을 만들었다.

도심의 지붕을
태양광으로 바꾸는
베를린 시민발전

오스트리아 일정을 마치고, 독일의 수도 베를린으로 향했다. 이제 렌터
카하고도 안녕이다. 이번 연수단 중 유일하게 면허증이 있다는 이유로
10여 일간 낯선 외국어 간판을 보며 운전하느라 스트레스가 많았다. 유
럽 지역 에너지 연수가 막바지에 접어들면서, 강행군 때문에 피로가 쌓였
다. 자금이 부족한 시민단체들은 대개 빠듯한 일정을 세우게 마련이다.
특히 이번 연수는 후원이 없는 상태에서 힘들게 자비로 떠나온 연수였
다. 하지만 운 좋게도 사전 약속이 없는 상태에서 유채 수확 모습을 담
을 수 있었고, 우연한 행사에서 정치인들을 만나 인터뷰를 하고, 지역 축
제와 바비큐 파티 등에 초대를 받았다. 마치 우리를 위해 누군가가 미리
준비한 것처럼 행운의 연속이었다. 행운의 대가가 연수 막바지의 피곤으
로 나타난 것이다. 그러나 마지막 일정으로 찾은 베를린 시민발전에서
꿈을 실천하는 활기찬 사람들의 환대를 받으면서 피곤함을 떨칠 수 있
었다.

지붕을 가꾸는 사람들

미리 약속을 한 뒤 베를린 시민발전에 찾아가자, 이 단체의 공동

대표인 클라우디아 피르히 마슬로흐 씨와 휘브너 코스니 씨가 20여 명의 회원들과 함께 우리를 기다리고 있었다. 굉장한 환대에 조금 수줍어하는 사이, 간담회가 시작됐다.

베를린 시민발전은 2003년 자연 에너지에 관심을 갖고 있는 사람들이 태양광 발전소를 설치하기로 뜻을 모으면서 시작됐다. 한 사람이 하기에는 투자 금액이 너무 커서 여러 사람이 모여 시작하기로 한 것이다. 돈이 많든 적든 누구나 시민발전에 참여할 수 있다. 세상 어디에 발전소를 짓는 일에 시민들이 이렇게 적극적일까? 재생 가능 에너지의 필요성이 사람들의 마음을 움직였기 때문이다. 시민발전 사람들은 지금 시점이 재생 가능 에너지에 투자해야 할 때라고 강조한다. 시민발전에 참여하는 사람들은 500유로(약 75만 원)에서 1만 유로(약 1500만 원)까지 낼 수 있다. 만약 1000유로(약 150만 원)를 투자하면, 해마다 85유로(약 13만 원)를 받는다. 환경 친화적이고, 지속 가능한 착한 에너지도 만들고, 돈도 버는 셈이다.

시민 참여 활성화를 이끈 발전차액 지원 제도

독일에는 발전차액 지원 제도*가 있어 생산한 전기를 판매하면 kWh당 40유로(약 6만 원)를 20년 동안 보장한다. 만약 1000유로를 투자하면, 12년에서 14년 사이에 원금을 뽑을 수 있고, 그 뒤에는 순이익이 된다. 시민발전에 관심 있는 사람들은 경제성을 비롯해 투자금을 얼마나

● 태양광과 풍력 등 재생 가능 에너지 발전을 통해 공급한 전기의 전력 거래 가격이 시장의 기준 가격보다 낮은 경우에 그 차액을 정부가 지원하는 제도를 말한다. 독일은 재생 가능 에너지법(EEG)을 도입해, 시민들이 에너지 생산에 직접 투자하고 경제적 이득을 얻게 하는 정책을 추진했다. 주민들이 마을의 에너지 자립을 이룩하기 위해 가장 적극적으로 활용한 제도가 바로 발전차액 지원 제도다. 한국 정부는 2011년까지만 발전차액 지원 제도를 유지하고, 2012년부터는 신재생 에너지 의무할당제를 하겠다고 한다. 주민들의 자발적 참여를 통한 재생 가능 에너지 확대를 포기하고, 오로지 여섯 개 발전 자회사에 신재생 에너지 의무 생산량을 채우도록 의무를 지우는, 그들만의 리그로 전환하겠다는 것이다.

태양광 발전기를 설치하고 있는 베를린 시민발전(사진 제공: 베를린 시민발전).

보장받을 수 있는지, 수명과 환경에 미치는 영향은 어떤지 관심이 많을 수밖에 없다. 베를린 시민발전은 직접 투자자를 모아 태양광 발전소를 설치하기도 하지만, 공동 투자에 따른 계약 조건 등 시민발전에 관심 있는 사람들에게 정보도 제공하고 있다.

　　재생 가능 에너지에 투자하는 방식은 여러 가지가 있는데, 크게 주식회사 방식과 시민발전 방식이 있다. 주식회사 방식은 돈이 많이 든다는 단점이 있다. 주식회사나 다른 회사들은 출자금이 있어야 하는 반면 시민발전은 출자금이 없어도 된다. 또 주식회사는 투자에 관한 책임이 크지만 시민발전은 자기가 낸 돈에 관해 책임만 지는 것으로 이해하면 된다. 정육점이나 빵가게를 하려면 전문 자격증이 필요하고, 상공부에 등록해야 한다. 하지만 시민발전은 그런 과정이 필요 없다. 세금 관계 때문에 재정부에 등록을 하고, 태양광 발전소를 설치할 물품을 산다. 이렇게 물품을 사면 부가세가 붙는데, 등록을 해두면 부가세를 환급받을 수 있다. 유한회사의 장점이다.

베를린 시민발전이 만든 첫 태양광 발전소(5kWp)(사진 제공: 베를린 시민발전).

베를린 시민발전에 소속된 유한회사는 지금까지 일곱 곳이다. 시민들이 모여서 태양광 발전소를 하나 설치할 때마다 유한회사를 하나씩 창립한다. 이 방식은 베를린에서 하는 형태이고, 다른 형태를 취할 수도 있다. 돈을 출자하는 것이니 누가 어떻게 하는지에 관한 믿음이 가장 중요하다. 베를린 시민발전의 건물 지붕에도 5KW짜리 발전기를 세웠다. 처음에 친척과 친구들을 통해 돈을 모았는데, 조금씩 늘어나더니 모두 8만 유로(약 1억 2000만 원)를 모았다. 3주 만의 일이다.

"설치에서 보험까지 어려울 것 없다"

2003년도에 첫 번째 태양광 발전소를 설치했다. 태양광 발전소를 설치하기 위해 가장 먼저 하는 작업은 적당한 지붕을 찾는 것이다. 지붕에 태양광 설비를 세우기 위해서는 필요한 투자 금액을 마련해야 하기 때문에 사람을 조직하는 과정을 거쳐야 한다. 그래서 유한회사를 설립했다. 다음 단계는 전기 공급자와 계약을 맺고, 유한회사를 만들어 재경부에 가서 등록한다. 무엇보다 가장 중요한 것은 지붕의 안정성을 확보하는 것이다. 지붕을 빌릴 때 그 부분을 확인하는 것이 가장 중요하다.

처음 설치하는 과정이 힘들 뿐 그 뒤의 일은 꽤 간단하다. 1년에 한 번 수익금을 정산하면 된다. 그리고 설비를 훔쳐갈 수 있고, 아이들의 장난이나 우박 등 때문에 생기는 피해를 예방하기 위해 보험에 든다. 설비 손상으로 전기를 생산하지 못할 경우 보험회사에서 보상한다. 보험회사는 함부르크만하임이 태양광 전문 보험으로 특화되어 있다. 주로 고장이 나는 게 인버터인데, 인버터는 5년, 태양광 셀 자체는 25년을 보장한다.

물론 시민발전을 추진하는 데 어려운 점도 있다. 무엇보다 태양광 발전소를 지을 지붕을 확보하는 문제가 크다. 가장 좋은 곳이 슈퍼마켓인데, 20년 동안 임대 계약을 맺자고 하면, 자기들이 10년 뒤에 무엇을 할지 모른다는 이유로 곤란해 한다. 어떤 곳은 임대료를 많이 요구해서 포기한 적도 있다. 대개 지붕 임대료는 연간 100유로(약 15만 원)로 아주 상징적인 의미의 비용을 지불한다. 사람들이 임대를 중심으로 영업하려고 하는 시도도 있었지만, 현실적으로 임대료를 많이 올려서 태양광 발전기를 설치하기는 힘들다.

최근에 지방의회에서 새로운 건물 지붕을 태양광 발전에 사용할 수 있게 의무화해서, 학교 등에 설치할 때 임대료를 받지 않게 협의하는 사항이 있었다. 이렇게 정치적인 결정과 지원이 적절한 지붕을 찾는 데 아주 중요한 요소다. 대학 도시인 마브르크는 법에 의무 규정을 두고 새로 짓는 건물은 재생 가능 에너지를 이용하게 했다. 조그만 도시들은 아예 처음부터 재생 가능 에너지 설치를 위한 법을 만들어서 현실에 적용하는 작업을 시도하고 있다.

"풍력 발전과 자연보호는 양립할 수 있다"

분트의 토르벤 벡커

분트 에너지 기후변화 담당자 토르벤 벡커 씨.

2008년 7월 9일, 분트^BUND 사무실을 찾았다. 분트(http://bee-ev.de)는 1975년에 결성된, 독일에서 가장 영향력 있는 환경단체다. 40만 명의 회원을 자랑하며, 2200개의 지역 그룹이 로비와 자연보호 운동을 진행하고 있다. 남부 바이에른 지역의 활동이 활발하며, 3분의 1 이상의 회원이 남부 지역에 있다. 이날 간담회는 분트의 에너지 기후변화 담당자인 토르벤 벡커 씨와 진행했다.

분트의 에너지 분야 정책을 소개해달라.

현재 분트는 석탄 화력 발전소 건설을 막는 일에 집중하고 있다. 또한 독일에서는 원자력 발전소 수명 연장도 논란의 중심에 있다. 현재 독일은 네 개 권역으로 나뉘어 전력이 공급되고 있는데, 이 네 개 전력회사가 가격을 담합하고 있다. 그래서 배송망 시설을 설치하는 기업과 석탄 화력 발전소를 건설하는 기업이 겹치다 보니 결국은 풍력 발전과 석탄 화력 발전이 경쟁하는 결과가 나오고 있다. 전력 생산 기업이 전력 공급망을 가지고 있다 보니 발생하는 문제다. 또 원자력은 2023년까지 중단하는 것으로 되어 있는데, 8~10년 정도 연장하는 논의를 진행하고 있다. 사민당과 기민·기사련 사이에 합의가 안 되고 있다.

풍력 발전소가 생태계를 파괴한다는 문제 제기에 관한 분트의 견해는 무엇인가.

분트는 자연 생태계 보호와 보전 운동을 주로 하다 보니 태양광은 찬성하지만, 풍력의 경우 입지 조건 등에 따라 민감도가 다를 수 있다. 북쪽 해상 풍력의 경우 고래의 이동 경로, 전력망 건설, 자연보호 구역 내 설치 문제 등 세부 쟁점이 있지만, 원칙적으로 해상 풍력 발전을 적극 지지한다. 반대 논리는 대부분 풍경과 관련한 것이지 자연보전하고는 관련이 없다. 풍력 발전과 자연보전은 양립할 수 있다.

2009년 도입될 재생가능한열법 관련한 견해는?

분트는 냉난방 분야에서 재생 가능 에너지 법을 만들 것을 주장해 왔다. 열과 난방의 경우에도 발전차액 지원 제도 같은 방식의 참여 유인을 도입해야 한다. 신설이 논의되고 있는 재생가능한열법*을 적용할 경우, 독일 전체 건물의 1퍼센트만 적용돼서 아주 미흡하다. 독일의 경우, 2007년 열 분야의 재생 가능 에너지 활용은 정부는 2020년 14퍼센트, 전문가는 20퍼센트까지 가능하다고 예측한다.

바이오디젤 정책의 쟁점은?

바이오 연료를 2012년까지 10퍼센트 대체하는 것이 최근 논란이 되고 있다. 물론 원자력과 기후변화 논쟁에서 바이오 연료가 중요한 구실을 하는 것이 필요하다. 다만 좀더 지속 가능한 방식을 고민해야 한다. 지속성 규정에 관해 분트는 이것이 가이드라인 수준이어서 실제 작동될지 의문을 갖고 있다. 실제로 실행되는 데는 5~10년 정도 걸릴 것으로 보고 있고, 조금은 회의적이다. 기후정의 측면에서 분트는 인도네시아에서 생산하는 바이오디젤 방식은 반대해왔다. 2020년까지 바이오 연료 10퍼센트 기준을 강행할 경우, 상황은 더욱 나빠질 것이다. 기본적으로 높게 설정된 바이오 연료 대체 목표치를 낮추는 것이 중요하다. 정부에서는 현행 5~7퍼센트대 수준에서 멈출 것을 고민하고 있다. 분트는 바이오 연료뿐만 아니라 에너지 효율을 높이고 다양한 열병합 발전을 활용하는 별도의 노력을 기울여야 한다고 주장한다.

녹색당의 호엔 의원은 교통과 물류 체계 개혁을 주장했는데?

호엔 의원이 제시한 100만 전기 자동차, 철도 중심 교통·물류 개편 등에

• 발전차액 지원 제도처럼 재생 가능 에너지로 난방용 열을 생산할 경우 높은 가격에 매입해주는 제도를 말한다. 분트 등 환경단체는 신축 건물에만 적용할 것이 아니라 오래된 건물에도 도입해 적용 범위를 확대할 것을 주장하고 있다.

관해서는 연료원만 보면 안 되고, 구조와 이동성을 함께 봐야 한다. 도시 구조의 시스템을 어떻게 바꿀 것인가를 중요하게 고민해야 한다. 자전거나 카셰어링 등도 고려해야 하고, 덜 사용하면서 효과적으로 이용할 수 있는 방법을 고민해야 한다. 녹색당이 주장하는 전기 자동차는 결국 전기를 무엇으로 어떻게 생산할 것이냐 하는 점에서 위험할 수도 있다. 이 것이 바로 원자력 발전소의 수명 연장과 신규 화력 발전소 건설로 연결 돼서는 안 된다.

에너지 저감과 효율화를 위한 정책적 제안이 있다면?

정책은 규제 강화와 기술적 보완 등이 있다. 기업이 에너지를 절약하도록 동기를 부여해야 하고 에너지 효율 시스템을 강화해야 한다. 구체적으로 유럽 차원에서 에코 디자인 개념을 도입해서 가전제품 등에 전기를 덜 쓰게 하는 것과 5억 유로(약 7500억 원) 규모의 기후변화 펀드 조성 등을 추진하고 있다. 탑 러너 모델도 가장 효율이 높은 것이 제품 생산의 기준이 되기 때문에 개인이 에너지 소비와 이산화탄소를 줄이는 데 효과적인 정책이라고 할 수 있다.

시민들의 참여 활동은?

다양한 커리큘럼이 있고, 캠프를 개최한다. 회원을 대상으로 하는 다양한 소통 프로그램을 운영하고 있다. 특히 베를린에 사는 터키 사람들을 위한 교육과 저소득층 교육을 진행한다.

오스트리아

에너지 자립의 꿈을 이룬
농촌 마을

이강준

일정   2008년 7월 4~8일

장소   귀씽, 그라츠, 무레크

참여   박진희(동국대학교 교수), 이강준(에너지정치센터), 이정필(에너지정치센터), 이유진(녹색연합)

Austria

귀씽,
에너지 자립 마을의
신화를 쓴다

프랑크푸르트에서 비행기를 타고 오스트리아의 수도 빈에 도착했다. 시
내를 구경할 겨를도 없이 렌터카를 타고 바로 귀씽을 향해 출발했다. 한
시간의 짧은 비행을 한 뒤 다시 독일어 간판을 보니, 여전히 독일에 있는
듯한 기분이다. 물론 이국적 향취에 취한 탓도 있을 터다. 우리가 오스트
리아의 첫 행선지로 잡은 귀씽은 한국에는 많이 소개되지 않았지만, 이미
세계적으로 에너지 자립을 실현한 '귀씽 모델'로 유명한 곳이다.

'화석연료 100퍼센트 독립' ― 귀씽 지역 정부의 결단과 노력

귀씽은 헝가리와 맞닿은 국경 지대에 있다. 귀씽 지역은 인구 2만
7000명으로 28개의 작은 마을로 구성된 공동체인데, 귀씽 시의 인구는
4000명 정도다. 1980년대 말까지 '철의 장막' 영향권 아래 높은 실업률
과 인구 감소, 고령화 문제를 안고 있었다. 그러나 지역 정부의 주도 아
래 1990년에 '화석연료에서 100퍼센트 독립한다'는 결정을 내리고, 1991
년 지역에서 이용할 수 있는 바이오매스 에너지를 통해 에너지를 자립해
지역 경제를 활성화한다는 계획을 세웠다.

우리가 들른 2008년 현재 귀씽의 에너지 생산 설비는 40MW였

다. 이미 귀씽에서 필요한 석유를 바이오디젤로 200퍼센트 대체하고, 열은 98퍼센트, 전기는 140퍼센트 충당하고 있었다. 지역 에너지 시스템으로 475개의 새로운 일자리가 생겼고, 42개 기업이 만들어졌다. 최초 계획 수립부터 20여 년이 지난 지금, 에너지를 지역 안에서 생산해 가난에서 벗어나고 외부로 유출되던 돈을 지역에 머물게 했고, 결국 내부 경제를 활성화시켰다. 지역의 지속 가능 발전이라는 성공적인 모델을 만든 것이다.

농구 선수 출신 공무원의 '잘 사는 마을 만들기'의 꿈

귀씽 모델은 20년 전 한 공무원의 아이디어에서 시작했다. 전직 국가대표 농구 선수인 라인하르트 콕 씨는 은퇴 뒤 고향 귀씽 시로 돌아와 시청의 기술자로 근무하면서, 지역 안에 일자리를 창출해 지역 경제를 활성화할 계획을 세웠다. 그러고는 귀씽이 베드타운으로 전락한 현실을 바꾸려 고민을 시작했다. 지역에 일자리가 없어 젊은이들이 외부로 유출되어 늙은 농촌으로 전락하고 있는 현실을 바꾸는 데 초점을 맞췄다. 세계적으로 석유나 에너지 분야의 기업들이 돈을 많이 벌어들이고 있는 것에 주목한 콕 씨는, '화석연료에서 100퍼센트 독립한다'는 목표를 담은 청사진을 작성했고, 이걸 시장이 받아들이면서 귀씽의 에너지 자립 실험은 시작했다. 귀씽에서 석유나 천연가스가 생산되는 것은 아니었기 때문에, 고심 끝에 귀씽의 풍부한 농업 자원을 통해 에너지를 만들겠다는 목표를 설정했다. 바이오매스 자원을 가지고 에너지를 만들어서 귀씽에 사는 사람들이 이용하자는 것이었다.

인간이 살아가려면 에너지가 필요하고, 석유나 천연가스를 사오는 데 돈을 쓰기 마련이다. 귀씽 지역 28개 마을에서 사람들이 에너지 구입을 위해 해마다 3600만 유로(약 540억 원)를 지출한다. 귀씽 시는 지역에서 에너지를 생산함으로써 각 가정에서 지출하는 에너지 비용을 공동체로 돌리는 방향으로 단계별 전략을 세워 실천했다. 20여 년이 지난 지금 에너지를 지역에서 직접 생산해 공급함으로써 에너지 구입 비용으로 외부로 유출되던 돈을 지역 내부로 돌렸고, 새로운 일자리를 창출해 애초의 목표를 달성했다. 지역 에너지 체계는 에너지를 생산할 때 지역 공동체에서 지속적으로 생산할 수 있는 연료를 사용하기 때문에 안정성을 확보할 수 있다. 해마다 농업을 통해 얻을 수 있는 부산물, 해마다 성장하는 나무를 이용해 에너지원으로 사용한다. 이렇듯 농업 활동을 통해 원료가 지속적으로 공급되기 때문에 계속해서 경제적 가치를 창출할 수 있는 것이다. 여기에는 성장하고 생산할 수 있는 만큼만 이용한다는 원칙이 있다. 기본적으로 잉여 생산물을 이용하고 있어 마치 이자를 타서 쓰는 것과 같은 이치란다. 풍부한 자연자원을 바탕으로 마치 돈을 은행에 저장해놓고 부가해서 생산되는 산물을 이용하는 방식, 즉 이자율로 지속 가능한 에너지 생산 활동을 이어가는 것이다.

귀씽 지역 정부의 결단과 노력

귀씽은 지역 농민들이 주축이 된 무레크의 실험과 달리 지자체가 앞장서서 에너지 자립을 일구어낸 사례다. 가장 먼저 귀씽 시는 공공부문의 에너지 사용을 절약해 지자체 예산을 아꼈고, 그 절감한 예산을 재생 가능 에너지 투자 예산으로 돌렸다. 절약은 불필요한 가로등을 끄고, 낭비하는 에너지 사용을 줄이는 것에서 시작했다.

첫 번째 에너지 설비는 귀씽 시 안에 있는 30가구가 사는 조그만 기어씽 마을에, 일종의 원거리 지역난방 방식(목재)을 적용한 것이다. 첫 설비는 시의 예산을 감축해서 조성된 것과 시에서 인프라 예산으로 책정된 것을 투자했다. 그 뒤 귀씽 지역 전체에 재생 가능 에너지 설비 시설을 하나씩 짓기 시작했고, 나중에는 태양열까지 설치해 현재와 같은 열난방 네트워크가 만들어졌다. 전기 생산은 발전차액 지원 제도를 활용하고 있고, 열 분야는 초기 투자에 관해 설비 보조금을 주는 방식으로 주민들의 참여를 끌어내고 있다.

귀씽 시는 난방 시스템을 구축한 뒤 바이오디젤 설비를 만들었다. 바이오디젤 연료로는 유채를 썼다. 1991년에 시작해서 17년 동안 바이오디젤 생산을 계속해오다가 현재는 가동하지 않기로 했다. 유채 생산이 식량난을 가속화한다는 문제 제기 때문이다. 새로운 대안으로 식량에 영향을 끼치는 바이오디젤과 바이오에탄올 대신에 2차 합성 바이오 연

2세대 바이오 연료 생산 플랜트.

료를 생산하기로 전략을 바꿨고, 연구를 통해 상업화하는 것을 목적으로 하고 있다. 마침 우리가 방문한 2008년 7월 4일 2차 합성 바이오 연료 연구소 착공식이 있었다. 이런 새로운 연구와 시도를 하기 때문에 전문 연구자들이 계속 귀씽으로 모이고 있다.

귀씽의 지역 에너지 생산은 1995년 3MW에서 2008년에 40MW로 성장했다. 현재 공장이나 지역 주민이 소비하는 에너지를 지역 안에서 생산하고 있다. 귀씽 지역으로 치면 연료는 바이오디젤로 200퍼센트를 충당한다. 하지만 최근 생산을 중단했기 때문에 2세대 바이오 연료를 활용하게 되면 새로운 설비를 통해 당분간 50퍼센트를 충당하고, 2009년에는 100퍼센트를 충당할 수 있을 것으로 예상하고 있다. 열은 98퍼센트, 전기는 140퍼센트 충당한다. 2008년 현재 귀씽 지역 전체로는 전기, 연료, 열에너지를 통틀어서 60퍼센트 정도 충당을 하는데, 2012년 쯤 100퍼센트 자립할 수 있을 것으로 기대하고 있다.

지역 경제를 살린 재생 가능 에너지

1995년 목재를 이용한 에너지 생산 시설이 귀씽에 만들어졌다. 그 뒤 스팀이나 열 관련 연료를 필요로 하는 산업이 귀씽에 자리잡기 시작했다. 공장을 유지하는 원료로 지역에서 생산한 재생 가능한 에너지가 석유보다 경제성을 갖추기 시작했기 때문이다. 10년 동안 다양한 프로젝트의 결과로 신규 일자리 1500개가 창출됐다. 대규모 열 생산 설비 덕분에 산업체에서 에너지를 싸게 사용할 수 있었기 때문에 산업이 모이기 시작한 것이다. 귀씽에는 대규모 펄프 공장이 있는데, 지역의 바이오매스 플랜트에서 생산한 열 에너지를 값싸게 공급받으려고 이곳에 공장을 건설했다고 한다.

처음 목질계 열병합 발전소를 설치할 때 석유 가격이 배럴당 20달러였다. 설비 비용을 반영하면 목질계 열병합 발전소 건설비가 더 비쌌다. 그래서 초기 설비에 연방 정부가 보조금을 지원했다. 이런 보조금

바이오매스 플랜트 시설.

태양광과 태양열을
설치한 학교
에너지 교육관.

은 연방 정부, 주 정부를 통해 첨단 에너지 시설 연구와 설치 명목으로 지원됐다. 그렇지만 설비 운영 과정에서는 보조를 안 받는데, 설비 운영에서 연료비가 경쟁력을 갖추고 있기 때문이다.

귀씽에 진출한 기업에는 목재를 이용해 작업하는 업체, 식품 생산 업체, 열을 이용해서 다양한 물건을 생산하는 업체들이 있다. 기업들의 진출로 새로운 일자리가 창출되고 있고, 공장이 들어서면서 유관 서비스 직도 생겼다. 건축사무소와 경영 컨설팅 회사도 생기고, 서비스 업체들이 사용할 수 있는 사무실 공간을 짓기 위한 건축도 활발해졌으며, 두 개의 호텔이 새롭게 생겼다.

또한 지역에 일자리가 창출되면서 주민들이 돈을 다른 곳에 쓸 여유가 생겨 여러 가지 문화 활동과 클럽 활동이 활발해졌다. 문을 닫은 상점이 다시 문을 열고, 새로운 건물이 많이 생기고 있다. 돈 버는 사람들이 있으니까 지자체의 세입도 늘어나고, 재정적인 여유가 생겼다. 학교에서 공부를 하고, 집을 가질 수 있다는 확신이 생기기 때문에 이제 젊은 이들이 일자리를 찾아 귀씽을 떠나지 않아도 된다. 에너지 자립을 통해 내부 경제의 승수 효과가 발생한 것이다.

첨단기술 연구로 제2의 도약을 준비하는 귀씽

귀씽 시는 '화석연료에서 100퍼센트 자유로운 마을을 만들겠다'는 애초의 목표를 달성했다. 귀씽은 성공적인 모델을 만들었고, 귀씽 모델은 마을 단위의 에너지 자립이 가능하고 실제로 작동한다는 것을 증명했다. 에너지 자립이 서류상으로만 존재하는 꿈이 아니라, 현실임을 보여주고 있다. 공무원이 비전과 청사진을 만들어서 시장에게 보였고, 시장이 동의를 하면서 실현 가능하게 되었다. 물론 진행 과정에서는 교사,

전문가, 농민 등 여러 계층의 사람이 함께 했다. 지금도 귀씽에는 해마다 새로운 설비가 두세 개씩 만들어지고 있다.

귀씽에는 대학이 없다. 그렇지만 늘 새로운 일이 시도되기 때문에 첨단 설비가 들어서고 있고, 이것을 만들고 연구하기 위해 연구자들이 찾아온다. 지금은 귀씽을 중심으로 연구자 네트워크가 형성되었다. 재생 가능 에너지 설비의 효율성과 생산성에 관한 연구를 진행하면서 더욱더 경제성이 높아지게 된다. 산업체는 연구자들에게 돈을 지불하고, 지역 에너지 생산량과 질이 높아지면서 에너지를 판매할 수 있는 가능성이 높아진다. 그리고 연구하는 과정에서 새로운 기술 개발이 지역에서 많이 진행되고, 기술은 산업체를 통해 시장에 팔렸다. 예를 들어 빈 공과대학의 나무를 가스화하는 시설이 귀씽에 있고, 이 시설이 나무를 직접 태우는 것보다 효율이 높은 것으로 나왔다. 가스로 이용하고, 열도 이용하고, 전기 생산에도 이용하는 다양한 방식을 시도하고 있다.

페터 바다츠 귀씽 시장.

페터 바다츠 귀씽 시장은 귀씽 모델의 성공 요인을 이렇게 정리했다. "1992년 처음 시장이 됐는데, 처음 에너지 자립 실험을 시작할 때 여러 사람이 공격했다. 심지어 수백만 달러의 무덤이 될 거라고 말하는 이도 있었다. 그러나 우리는 믿었다. 가장 큰 자산은 재생 가능 에너지가 성공할 거라는 믿음이다. 지금까지 그렇게 해왔고, 일자리 창출, 관광객, 에너지 생산 등 성공을 거두고 있다. 지금은 누구도 재생 가능 에너지에 토를 달지 않는다. 경제성을 보더라도 재생 가능 에너지가 결과적으로 25~35퍼센트 저렴하다. 이런 상황에서는 성공할 수밖에 없다."

"화석연료에서 완전히 독립하겠다"

귀씽 모델을 이끈 라인하르트 콕

라인하르트 콕. 귀씽 모델을 이끈 주역이다.

라인하르트 콕 씨는 전직 국가대표 농구선수로 은퇴 뒤 고향 귀씽으로 돌아와 공무원이 됐다. 국가대표 시절에는 경기를 하려고 한국, 대만, 말레이시아를 방문했고, 한창 경제 성장기에 있던 아시아 지역의 역동성을 보고 많은 생각을 했다. 고향 귀씽이 워낙 가난한 지역인데, 그렇다고 아무것도 하지 않고 포기한다는 것은 말이 안 된다는 생각을 했다. 1989년부터 귀씽 시의 기술자로 근무를 시작하면서, '석유에서 독립한다'는 청사진을 만들었고, 이것을 시장이 받아들이면서 역사적인 귀씽의 에너지 자립 실험을 시작했다.

20여 년 전 '석유에서 독립한다'는 청사진을 만든 계기를 설명해달라.

국경 근처의 낙후한 농촌 지역이던 이곳 사람들은 일을 구하려고 빈으로 가야만 했고, 귀씽에 투자하려는 산업은 거의 없었다. 20여 년 전 이곳은 70퍼센트가 빈에 직장을 두고 주말에만 오고 가는 베드타운 같았다. 나도 태어나고 자란 곳은 귀씽 지역이지만, 9년 동안 빈에서 일을 하기도 했다. 낙후한 고향을 일으키려고 고민하던 중, 재생 가능 에너지에 주목해 1990년 '석유에서 독립한다'는 청사진을 만들었다.

귀씽의 에너지 자립 실험 과정을 설명해달라.

시청의 기술자로 근무하면서 일자리를 창출해 돈을 버는 일을 해야겠다고 마음먹었다. 젊은이들이 바깥으로 나가는데, 비전을 주고 머무를 수 있도록 가능성을 만들고 싶었다. 그렇게 하려면 일자리 창출이 핵심이었다. 세계적으로 석유나 에너지 분야가 돈을 많이 벌어들였다. 대기업만 돈을 벌라는 법이 있나, 우리도 그 몫을 차지해야겠다는 생각을 했다. 돈을 벌려면 에너지를 생산해야 하는데, 귀씽에서 석유나 천연가스가 생산되는 것은 아니고, 고심 끝에 귀씽의 풍부한 농업 자원이 떠올랐다. 농업 부산물을 통해 연료를 만들 수 있는 것이다. 우리 지역의 풍부한 바이오매스 자원을 가지고 에너지를 만들어서 귀씽에서 사는 사람들이 이용할 수 있다는 생각이 들었다. 20여 년이 지난 지금, 에너지를 생산해 가난에서 벗어나고 외부로 유출되는 돈을 귀씽 지역에서 재생산하고 사용할 수 있게 되었기 때문에 목표는 달성한 셈이다.

재원과 기술은 어떻게 확보했나?

시에서 계획한 기본 에너지 예산이 있다. 우선은 에너지 사용 절약으로 예산을 아끼고, 그 절감한 예산을 재생 가능 에너지 투자 예산으로 돌렸다. 절약은 필요 없는 가로등을 끄고, 불필요하게 낭비하는 에너지 사용을 줄이는 기본부터 시작했다. 전기 생산 부분에는 발전차액 지원 제도를 활용하고 있고, 열 분야는 초기 투자에 설비 보조금을 주는 방식으로 재생 가능 에너지 설비를 확충해갔다.

귀씽에서는 에너지를 얼마나 생산하나?

1995년 에너지 생산으로 보면 3MW, 2008년은 40MW다. 현재 공장이나 거주민이 다 소비할 수 있는 양을 생산하고 있다. 귀씽 지역으로만 치면 연료는 현재 바이오디젤은 200퍼센트를 충당한다. 하지만 최근 생산을 중단했기 때문에 2세대 바이오 연료를 활용하게 되면 새로운 설비를 통해 당분간 50퍼센트를 충당하고, 내년에는 100퍼센트를 충당할 수 있을 것으로 예상된다. 열은 98퍼센트, 전기는 140퍼센트 충당한다. 귀씽 지역 전체로는 전기, 연료, 열 통틀어서 60퍼센트 정도 충당을 하는데, 3년에서 5년 뒤에 자립할 수 있을 것으로 기대한다.

귀씽의 에너지 자립을 이끌어낸 역량은 무엇이라 생각하는가?

우리는 애초에 세운 목표, 귀씽 시는 '화석연료 공급에서 100퍼센트 자유로운 마을을 만들겠다'는 것을 달성했다. 귀씽은 성공 모델을 만들었고, 귀씽을 통해 사람들은 마을 단위의 에너지 자립이 가능하고 실제로 움직인다는 것을 확인할 수 있다. 종이로, 서류상으로만 존재하는 것이 아니라 가능성을 보여주고 나아가 교육까지 하고 있는 것이다. 여러 나라에서 오고 있는데, 한국에서도 온 적이 있다. 귀씽 모델에 관해 도움이 필요하면 언제든지 제공할 수 있다. 이 일이 성공하기까지 나는 비전을 만들었고, 이 청사진을 시장에게 보였고, 시장이 동의를 하면서 실현 가능하게 됐다. 물론 진행 과정에서는 교사, 전문가, 농민, 등 여러 사람이 많이 도와줬다. 지금도 해마다 새로운 설비가 두세 개씩 만들어지고 있다. 시민발전은 설비를 세울 때 개인 자격으로 참여할 수 있고, 민간에서 자율적으로 추진하고 있다.

그라츠,
콩기름으로
버스를 달리다

귀씽에서 에너지 자립 실험을 둘러보고, 다음 행선지인 그라츠로 이동했다. 오스트리아 제2의 도시인 그라츠는 콩기름으로 달리는 버스로 유명한 곳이다. 그라츠는 빼어난 자연환경에 전통과 현대적 건축물이 조화되어, 많은 관광객이 찾는 곳이기도 하다.

그라츠에 도착한 날은 마침 주말이어서 간담회 일정을 잡지 못했다. 대신 우리는 도심 이곳저곳을 둘러보기로 했다. 먼저, 버스 승차장이 집중돼 있는 중심가로 향했다. 바이오디젤 버스를 보기 위해서다. 마침 정차 중인 바이오디젤 버스의 주유구를 열어보고 냄새를 맡아봤다. 기대하던 고소한 콩기름 냄새가 나지는 않았지만, 역한 석유 냄새는 전혀 없었다. 순수한 콩기름으로 달리는 버스는 고소한 냄새가 나겠지만, 폐식용유를 정제한 바이오디젤인 탓이다.

그라츠 시는 우선 미세 먼지를 가장 많이 내뿜는 운송 수단인 버스에 바이오디젤을 넣기로 결정하고, 1994년 처음으로 버스 두 대에 바이오디젤을 넣었다. 이렇게 시작된 '에너지 전환'은 10년 만인 2005년에 완성됐다. 그라츠의 가장 큰 택시 회사(Taxi 878)가 이런 에너지 전환에 동참하면서 그라츠 시는 자동차에 석유를 넣지 않는 도시로 더욱 가까

전통과 현대가 조화된 그라츠 시 전경.

워졌다. 바이오디젤(BD100)을 디젤 엔진 자동차에 넣을 경우 이산화탄소 배출량은 경유에 견줘 78퍼센트 낮아진다.[*]

　　버스 종점에서 막 교대를 하고 나오는 바이오디젤 버스 운전기사를 만났다. 바이오디젤 버스를 운전하고 나서 생긴 변화가 무엇이냐고 물었더니, "석유 냄새가 나지 않는 것 빼면 다른 차이가 없다. 식용유 냄새가 나는 정도다. 운전하는 처지에서는 경유 차하고 차이를 못 느낀다"고 한다. 도시의 대기도 개선하고, 버려지던 폐식용유를 정제해 사용하니 경제적으로도 이익이다.

---

* 강양구, 〈100년 만에 부활한 식물연료…시민이 이루는 '탈석유'〉, 《프레시안》, 2007년 1월 10일.

바이오디젤 버스를 타고 있는 그라츠 시민들.

마침 버스를 기다리고 있는 할머니에게 말을 걸었다. 할머니는 지나가는 버스를 가리키면서, 그라츠의 바이오디젤 버스 정책을 아주 자랑스럽게 생각한다고 말했다. 버스가 편안하고, 환경 친화적이기 때문이란다.

그라츠 시는 일반 가정에서 나오는 폐식용유를 수거하는 한편, 폐식용유가 많이 나오는 패스트푸드점과 협약을 맺어 폐식용유를 수거하는 시스템을 구축하고 있다.

버스 정류장 맞은편에 있는 패스트푸드점에 들어가 매장 매니저에게 폐식용유 수거와 관련해 질문했더니, 흔쾌히 매장 지하에 있는 창고로 우리를 안내했다. 그러고는 "폐식용유 수거 업체에서 용기를 제공

패스트푸드점 지하의 폐식용유 수거 용기들.

하고, 우리가 폐식용유를 모으면 수거해 간다. 2주에 한 번씩 온다"고 설명해준다.

고유가 시대에 유채를 식용유로 사용하고, 그 찌꺼기인 폐식용유를 이용해 석유를 대신하는 바이오디젤을 만들어 사용한다면, 자원 순환에 환경 측면에서도 좋고, 농가 소득에도 도움이 되고, 석유를 대체해 에너지 안보에 기여하는 일석 삼조의 효과가 있다.

무레크 농부들의 에너지 자립 실험

잉여 농산물을 에너지로 전환하는 농부들

그라츠에서 두 시간 거리에 있는 무레크는 세계 최초로 바이오매스를 이용해 에너지 자립을 달성한 곳이다. 무레크는 오스트리아 변방에 있는 인구 1700명 정도의 전형적인 농촌 마을이다. 그런데 전세계가 지금 이곳을 주목하고 있다. 그라츠의 바이오디젤 버스에 쓰이는 연료를 이곳 무레크의 농부들이 만든 바이오디젤 회사가 공급하는 것으로 유명하기 때문이다. 세계 최초의 바이오디젤 주유소도 여기 무레크에 있다.

무레크는 마을에서 필요한 에너지를 재생 가능 에너지로 생산하려고 노력해왔다. 농촌이라는 특징을 살려 바이오 에너지를 잘 활용하고 있고, 지역 농부들이 차량용 바이오디젤, 전력과 열 생산에 직접 참여하고 있다. 에너지 생산을 위해 농부들은 바이오디젤 플랜트SEEG Mureck, 지역난방 시스템NAHWÄRME Mureck, 바이오가스 플랜트Ökostrom Mureck 관련 기업을 만들었다. 마을에서 필요한 에너지의 총량은 난방, 전기, 연료 총합으로 9만MWh인데, 마을에서는 15만 2000MWh를 생산해낸다. 이곳의 에너지 자립률은 170퍼센트에 이른다. 이것은 무레크가 에너지를 자립할 뿐만 아니라 에너지를 판매한다는 것을 의미한다.

무레크에는 세계 최초의 바이오디젤 주유소가 있다.
무레크 주민이 바이오디젤을 주유하고 있다.

무레크의 에너지 자립 운동은 1985년 농부 셋이 생맥주를 마시면서 나누던 아이디어에서 출발했다. 오일쇼크 때문에 유가와 비료값이 오르면서 피폐해진 농촌의 현실을 고민하던 중, 잉여 농산물을 에너지로 전환하자는 데 의기투합한 것이다. 처음 모인 이 세 사람은 20헥타르 정도의 옥수수를 재배하고, 돼지를 사육하고 있었다. 그때 이미 기계농을 하고 있었기 때문에 경유 가격이 올라가는 게 큰 부담이었고, 남아도는 옥수수·사료·곡물을 처리해야만 했던 것이다. 이렇게 남는 곡물을 에너지로 전환하자는 아이디어가 에너지 자립 운동의 시작이었다.

그 시기에 유럽 농업 정책은 보조금에 바탕을 두고 있었다. 오스트리아에서는 비싸게 팔았지만 다른 나라에 수출하는 가격이 낮았는데, 그런 가격 차이를 정부가 보조해줬다. 수출을 하면 결국 보조를 받아야 하는데, 그 돈을 내부 경제로 돌리자는 생각에서 에너지 분야를 고민하기 시작했다.

무레크 에너지 자립 역사의 산증인, 칼 토터.

바이오디젤용 유채씨를 수확하고 있는 농부.

무레크 농민들이 출자하고 운영하는 바이오 플랜트 전경.

또 하나는 에너지 공급의 안정성을 확보할 필요가 있었다. 즉 해외 에너지 의존도를 낮춰야 했다. 농부들이 실제로 에너지 안보와 공급의 독립성에 관해 생각하고, 그 부분을 재생 가능 에너지로 시도해보자는 생각을 했다.

무레크 지역은 1990년 이전만 하더라도 소규모 업체들이 모여 있던 곳이다. 그래서 대량 생산보다는 소량 생산을 고민하게 됐다. 또한 무레크는 슬로베니아에 인접해 있어서 '철의 장막'의 영향권에 포함되는 탓에 에너지 위기를 더욱 절실하게 고민해야 했다.

외부의 장벽에 직면해 지역 안에서 경제를 살리는 문제를 고민해야 했고, 외부와 단절됐기 때문에 내부의 아이디어로 생계를 유지할 수밖에 없었다. 재생 가능 에너지로 전환하는 것이 지역이 살 길이라고 생각한 것이다.

수거한 폐식용유를 저장 탱크에 옮기는 모습.

유채와 폐식용유로 바이오디젤을 만들다

1985년 처음 아이디어를 낸 세 사람이 유채 재배를 시작했다. 1987년 질버베르크 농업학교에 스물두 명의 농부들이 참여하면서 바이오디젤 프로젝트가 본격 시작됐다. 1990년 400명의 농부들이 돈을 투자해 바이오디젤 회사인 SEEG를 만들었다. 바이오디젤 설비는 유채 압착기만 독일에서 가져왔고, 무레크가 소속되어 있는 스타이어막이라는 주에서 나머지 기계나 다른 설비를 해결했다. 기술자는 그라츠 공대에서 나왔고, 프로젝트가 시작을 할 때 연방 정부와 주 정부의 지원을 받았다. SEEG 전체 투자액 중 30퍼센트 정도가 정부 보조금이고, 나머지는 농부들이 직접 투자를 했다. 농부들의 아이디어와 실험정신에 인근 대학이 기술을 제공하고 정부가 보조금을 지원하면서, 무레크의 에너지 자립 실험은 탄력을 받았다.

바이오 에너지 거리. 무레크 농민들이 만든 회사들.

처음에 노력을 기울인 것은 연료를 안정적으로 공급하는 문제였다. 그래서 농부들이 더 많은 유채를 재배하게 설득하는 작업이 가장 중요했다. 이런 설득 과정은 아주 힘들었다. 결국 바이오디젤의 원료로 유채만 쓰기는 힘들다는 판단에 이르렀고, 대체 원료로 콩에 주목했다. 그래서 1993년에 폐식용유로 방향을 틀었다. 지금은 바이오디젤 생산에 10퍼센트만 유채를 사용하고, 나머지는 폐식용유를 사용한다. 2000년까지 무레크는 세계에서 폐식용유로 바이오디젤을 생산하는 유일한 곳이었다. 참고로 헥타르당 3.5톤의 유채가 생산되고, 유채 1톤으로 380리터의 바이오디젤과 돼지 사료 620리터가 나온다.

바이오디젤 프로젝트는 1994년 산악 지대의 눈을 치우는 차량과 그라츠 시의 버스 두 대, 대학에서 일하는 학자들의 개인 승용차가 참여하면서 시작됐다. SEEG가 바이오디젤을 생산해서 공급하는 시범 사업을 진행했는데, 그 뒤 그라츠의 바이오디젤 프로젝트에 단순 공급하는 작업을 진행하게 됐다.

현재 SEEG에서 생산하는 바이오디젤 1000만 리터 중에서 300만 리터를 그라츠로 판매한다. 나머지 700만 리터는 일반 배급회사와 정유회사에 납품한다. 전체 생산량의 1.3퍼센트가 수출되고, 나머지는 오스트리아에서 소비된다. 일본은 나가노 동계 올림픽에서 바이오디젤로 차량을 움직일 수 있다는 것을 보여주려고 바이오디젤을 사갔고, 그리스에서도 사갔다. 그라츠 프로젝트 덕분에 그라츠와 무레크는 세계적으로 이름을 떨치게 됐다.

오스트리아에는 OMV라는 원유 정제 회사가 있지만, SEEG는 이 회사를 경쟁사로 보지 않는다고 한다. 오스트리아는 BD5(경유 95% + 바이오디젤 5%)가 의무화되어 있으며, BD100까지 판매할 수 있다. 이산화탄소 저감 조치가 면세 혜택을 받고 있는 것이다. 또 에탄올과 바이오가스를 연료로 사용하는 것이 법으로 가능하다. OMV는 정제 시설 바로 옆에 바이오디젤 회사가 있어서, 바이오디젤을 바로 받아서 혼유하고 있다. 2003년 오스트리아에서 생산된 바이오디젤은 5만 5000톤인데, 5000톤만 국내에서 소비되고 나머지 90퍼센트는 독일이나 이탈리아 등 가까운 나라에 수출했다. 이 국가들에서는 유류세, 환경세 등으로 석유 가격이 높기 때문이다. 2006년 현재, 바이오 연료 비중은 전체 교통 연료 중

오스트리아 무레크의 바이오 에너지 회사 현황[**]			
구분	SEEG(바이오디젤)	나베르메(지역난방)	외코스트롬(바이오가스)
운영	570명의 주민 투자	SEEG+농부 2명 투자	나베르메+농부 7명 투자
원료	유채유 10% + 폐식용유 90%	나무(wood chip)	축산 분뇨와 농업 부산물
연 생산량	1000만 리터	8500MWh	8400MWh
용도	무레크 지역 자동차 연료 공급과 다른 지역 판매	무레크 지역 난방 85% 공급	무레크 지역 전기 100% 공급

3.54퍼센트를 차지하고 있다.[*]

진화하고 있는 무레크의 에너지 독립 운동

무레크에 있는 세 개의 바이오 에너지 회사는 연간 1100만(약 165억 원) 유로의 경제적 효과를 얻고 있다. 바이오매스 열 난방으로 석유 1500만 리터를 절감하는 효과도 있다. 5만 5000톤의 이산화탄소 절감 효과도 얻고 있다. 무레크 바이오 에너지 회사에 스무 명이 정규직으로 일을 하고 있다. 또한 무레크 주민들은 평균적으로 1년에 석유 600유로(약 90만 원), 교통비 500유로(약 75만 원), 전기 400유로(약 60만 원)를 지출하는데, 그 돈이 지역에 고스란히 남는다. 지출하지 않으니 그만큼 벌어들이는 것으로 볼 수 있다. 지역난방에 연결된 가구는 300가구이고, 가구당 인구수 4를 곱하면 1200명 정도다. 무레크의 전체 인구가 1700명이니 85퍼센트 정도는 난방열을 자체적으로 조달하는 것이다. 무레크

[*] 박진희, 2008, 〈오스트리아 재생가능 에너지 정책〉, 에너지정치센터 내부 세미나 발표 자료.
[**] 이유진, 2008, 〈쓰레기가 희망이다〉, 《한겨레 21》 726호.

무레크의 연립주택. 농민기업 SEEG에서 축산 분뇨로 생산한 난방열을 공급받고 있다.

는 귀씽의 FERN(원거리 지역난방)과 달리 NAH라는 근거리 개념을 만들어냈다. 지역에서 나는 자원으로 열을 공급하기 때문에 근거리라는 새로운 개념을 일부러 만들어서 사용한 것이다. 무레크는 반경 50킬로미터 안에서 나오는 목재를 사용하고 있다는 점에서 지역성을 강조하고 있다.

무레크는 지역에서 나는 재생 가능 에너지로 완전히 독립하려는 작업을 계획하고 있다. 풍속이 좋지 않아 풍력보다는 태양광에 집중할 계획을 세웠다. 재생 가능 에너지가 지역 농부들에게 직접적인 이익이 되는 게 목표다. 귀씽이 기술 개발과 시설에 집중하는 반면, 무레크는 당장 농부나 지역민에게 도움이 되는 일에 관심을 기울인다.

SEEG의 CEO인 요제프 라이터 하스 씨는 "가장 중요한 것은 곡

식이고, 다음이 가축의 사료, 그 다음이 에너지다. 식량과 사료 두 가지
를 먼저 해결하고 난 다음에 그래도 남으면 그것으로 에너지를 생산한
다"며 에너지 문제를 바라보는 자신들의 원칙을 분명히 했다. 무레크에
서는 전체 6만 헥타르 중에 유채는 500헥타르로 1퍼센트 정도에 불과하
다. 유채씨는 무레크와 바로 붙어 있는 슬로베니아에서도 수입한다. 슬
로베니아에서 원료를 제공하고 무레크에서 생산한 바이오디젤을 슬로베
니아가 다시 사간다. 지역에서 자라나는 것들을 지역에서 처리하는 것이
다. 순환의 개념을 철저하게 지키고 있다. 중앙 집중적인 에너지 시스템
에서 농촌 중심의 자립 분산형으로 전환하려고 할 때 무레크의 사례는
여러 가지 생각할 거리를 던져준다.

무레크 에너지 독립 운동의 산 증인인 칼 토터 씨는 이렇게 충고
한다. "무레크를 통해 재생 가능 에너지의 가능성과 미래를 보기 바란다.
원자력은 답이 아니다. 한국 사람들이 너무 쉬워서 위험한 대안을 선택
하지 않기를 바란다."●

● 한국 정부는 2022년까지 원자력 발전소 12기를 추가로 건설할 계획이다. 정부 계획대로 추진된다면, 2022년까지
원자력 발전소 32기가 가동하게 된다. 발전소를 새로 지을 부지를 선정하는 과정에서 지역 주민과 갈등이 발생할
수밖에 없다. 더욱이 고리 지역에는 현재 가동하고 있는 4기에다가 신고리 1~8호기까지 완성되면, 한 지역에 원자
력 발전소가 12기나 들어서, 세계에서도 유례가 없는 원자력 대단지가 된다. 안전성 문제와 더불어 사회적·환경적
부작용이 만만치 않을 것이다. 원자력 발전소 가동이 늘어나면 그만큼 폐기물도 쌓이고, 대규모 송전탑도 더 세워
야 한다. 원자력 발전은 기술과 경제 측면에서 경직적이어서 일단 투자를 결정하면 후세대의 선택권은 제한받는다.
지금 세대가 지은 원자력 발전소에 관한 경제적 비용과 폐기물 처리를 일방적으로 후세대가 감당해야 하기 때문이
다. 정부가 계획한 원자력 발전소 12기를 다 짓게 되면, 후세대가 치러야 할 비용이 너무나 크다.

무레크 에너지 자립의 발자취

1985년 12월 30일 술을 마시던 조세트, 포징거, 토터가 목표를 세움

1987년 8월에 프로젝트 시작

1989년 10월 20일 SEEG 프로젝트 시작

1990년 기공식

1991년 바이오디젤 설비가 운영에 들어감

1993년 폐식용유 사용 시작

1994년 그라츠, 폐식용유로 다섯 대의 차량을 운영하기 시작

1994년 프랑스 국제 바이오 연료 회의에 참석

1996년 에너지 설비가 50만 리터에서 300만 리터로 확산

1995~1997년 근거리 열 난방 프로젝트 진행

1997년 일본, 1998~1999년 체코, 스페인, 그리스에 바이오디젤 판매

1998년 가동에 들어감

2000년 9월 300만 리터에서 400만 리터로 확장

2002년 9월 500만 리터

2002년 바이오가스 준비 작업, 설비 준비

2004년 5월 설비 설치

2005년 3월부터 운영에 들어감

2004년 5월 700만 리터로 확장

2005년 12월 1000만 리터로 확장

"지역에서 나오는 자원으로 열을 공급한다"

에너지 농민 기업 SEEG의 CEO 요제프 라이터 하스

SEEG의 CEO인 요제프 라이터 하스.

무레크는 세계 최초로 바이오매스를 이용해 에너지 자립을 이룩한 지역이다. 무레크는 마을에서 필요한 에너지를 재생 가능 에너지로 생산하기위해 노력해왔다. 지역 농부들이 바이오디젤, 전력과 열 생산에 직접 참여하고 있다. 에너지 생산을 위해 농부들이 만든 SEEG의 CEO인 요제프라이터 하스 씨를 만났다.

무레크가 최초로 폐식용유를 이용해 바이오디젤을 만들었다고 들었다.

한국에서는 1인당 폐식용유 발생량이 얼마인가? 오스트리아는 1인당 연간 3킬로그램이다. SEEG에서 수거하는 양은 연간 8000~9000톤이다. 지금은 오스트리아에서 네 군데 정도가 폐식용유를 수거해서 바이오디젤을 생산한다. SEEG를 포함해서, 네 개 회사가 유럽 전체를 대상으로 폐식용유로 바이오디젤을 생산해 공급하는 것이다. 서로 경쟁을 하다 보니 폐식용유 가격이 올라가고 있다. 다만 디젤 가격이 더 많이 올라가면서 이윤은 그렇게 많이 떨어지는 것이 아니다. 유럽 전체의 폐식용유를 가지고 와서 정제를 해 판매하는 시스템을 갖고 있다.

수거 파트너 회사가 있다. 한 번에 한 대의 트럭이 12톤 정도를 수거할 수 있는데, 소규모로 발생하는 폐식용유를 모으고 있다. 오스트리아 전체 170개 맥도날드 매장은 두 개 회사가 담당하고 있는데, 몇 개 매장에서 수거한 폐식용유는 무레크로도 온다. 대량 수거 시스템도 있는데, 수거 업체가 따로 있다. 트럭 한 대가 15~20곳을 수거할 수 있다. 레스토랑에서 톤당 250유로(약 40만 원)에 산다. 처음에 시작할 때는 폐식용유가 폐기물이었고, 수거해 가는 사람들에게 돈을 줬다. 이제는 원료가 되니까 돈을 주고 사는 것으로 바뀌었다. 2000년에서 2001년 사이에 상황이 바뀌었다.

무레크는 에너지 자립을 통해 어떤 효과를 얻었나.

지금 무레크에는 있는 세 개의 바이오 에너지 회사는 1100만 유로(약 160억 원)의 경제적 효과를 얻고 있다. 열 난방으로는 석유 1500만 리터를 절감하고 있고, 5만 5000톤의 이산화탄소 절감 효과도 얻고 있다. 지금 스무 명이 정규직으로 일을 하고 있다. 농가 소득으로 직접적인 금액

추산은 힘들다.

가장 힘든 부분은?

기술 문제는 거의 무시할 정도로 없었다. 문제는 1998년에 시작할 때, 석유 가격이 안정적이어서 근거리 난방을 하는 것이 더 비쌌다. 초창기 고객을 확보하는 데 문제가 있었다.

전세계에서 찾아와서 인터뷰를 요청하는데 귀찮거나 힘들지 않은가? 에너지 투어리즘 개념을 어떻게 생각하는가?

우리들의 일이라고 생각한다. 에너지 여행을 조직하고 그것으로 돈을 벌어들이려는 생각은 없다. 우리 일에 관심을 갖고 오는 사람들에게 아이디어를 나눠주고 싶고, 그것이 우리가 할 일이라고 생각한다. 기념품을 만들어 판매하는데, 그건 말 그대로 기념품이다. 그것이 우리의 본격적인 수입원이 되는 것은 아니다.

앞으로 어떤 계획이 있나?

원료를 독립하려는 작업을 할 것이다. 여기에서 나오는 것으로 완전히 독립하는 것을 목표로 삼고 있다. 다음 단계는 태양광에 좀더 집중하려고 한다. 풍력은 풍속이 좋지 않기 때문에 중요하게 생각하지 않는다. 재생 가능 에너지를 통해 지역 농부들에게 직접적인 이익이 되는 것이 목표다. 귀씽이 기술 개발과 시설에 집중을 한다면, 우리는 지금 바로 실현할 수 있어서 농부나 지역민에게 도움이 되는 일을 해나갈 것이다.

일본

석유 없이 농사짓기

이강준

일정   2009년 7월 5~10일

장소   도쿄, 오가와마치, 치치부시

참여   박진희(동국대학교 교수), 이강준(에너지정치센터), 이현민(부안시민발전)

JAPAN

노란 혁명을 꿈꾸는 농민들의 축제

나리타 공항에서 기차를 타고 도쿄 시내로 가면서 보이는 풍경은 동남아시아나 유럽에 견줘 익숙하다. 깔끔하게 정돈된 한국 같다. 이번 여행은 에너지정치센터가 일본의 도요타 재단의 아시아 공모 사업에 선정돼 진행 중인 '농촌 지역 자립형 에너지 체계 연구'의 일부다. 일본 농촌 지역의 에너지 자립 사례를 조사해 한국 농촌에 적용 가능한 시사점을 모색하려는 시도인 것이다.

먼저 유채 서미트에 참석해야 한다. 일본 곳곳에서 에너지 자립과 자원 순환형 공동체를 만들기 위해 노력하고 있는 농민들이 모여 축제를 연 것이 벌써 아홉 번째란다. 행사장 입구부터 수더분한 일본 농민들이 자료집을 나눠주고, 자신들이 직접 만든 유채 식용유를 판다. 말은 통하지 않지만, 땅에 의지해 사는 농부들의 검게 그을린 피부와 건강한 웃음은 우리의 경계심을 무너뜨린다.

지산지소, 지역에서 생산하고 지역에서 소비한다

이번 여행의 준비를 도와준 일본 희망제작소의 강내영 씨가 통역까지 도와준다. 짧고 정확한 통역이 만만치 않은 내공을 내뿜는다. 게다

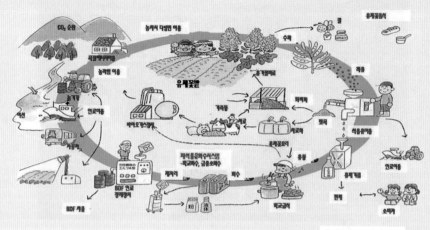

♥ Yellow Revolution

유채꽃 프로젝트 개념도.

가 사이사이에 발표자들의 썰렁한 농담과 청중의 반응까지 곁들인다.

발표 내용 중 유난히 '지산지소$地産地消$'라는 단어가 많이 등장했다. 우리말로 하면 '신토불이$身土不二$'쯤 될까. 최근 국내에서도 '지역 먹을거리'나 '지역 에너지' 같은 개념이 많이 알려졌다. 환경과 경제, 그리고 지역의 지속 가능한 발전을 고민하는 것이 대세인가 보다.

일본의 유채꽃 네트워크는 한국에서도 유명하다. 늦가을 벼를 수확한 땅에 유채를 심어 봄에 수확하는데, 그 씨는 유채유를 만들고 찌꺼기(유박)는 사료로 쓴다. 특히 유채 식용유를 학교 급식 등 단체 급식에 납품한 뒤 폐식용유를 수거해 바이오디젤을 만든다. 그리고 이렇게 만들어진 바이오디젤은 다시 유채 농사를 위한 농기계나 관용 차량에서 사용한다. 석유를 대체해 기후변화를 완화할 뿐만 아니라, 지역의 자원을 순환시켜 지역 경제도 활성화시키는 훌륭한 모델이다.

각 지역에서 올라온 농부들이 자신이 한 실험 내용을 발표하는 동안 대개 농부들인 청중들의 눈이 빛난다. 주요 정당의 국회의원들이

제9회 유채 서미트.

참석한 종합토론을 끝으로, 참석자들은 현장에서 '2009 유채 서미트 도쿄 선언'을 채택했다. 도쿄 선언은 "오늘날까지 우리들은 지역에서 순환형 사회의 '지역 모델'을 만들고, 지역 스스로 실천하고자 하는 '지역 의사'를 보여주는 것으로 국가를 바꾸려고 해왔다"고 자신들의 노력을 평가한다. 나아가 이번 서미트는 "지역의 뜻과 생각을 정치경제의 중심인 도쿄에서 구체적으로 보여줌으로써, 국가의 파국을 타파하는 기회를 찾아내고자 개최했다"며 자신들의 목표를 분명히 했다. 또한 도쿄 선언은 "지역 차원의 자발적인 대응"과 "지속적 경제 순환형 사회로 나아가는 구조 전환", 그리고 "농산어촌의 지속적 발전"을 모색하는 제도를 창설하고, "식품과 에너지의 지역 생산, 지역 소비의 아시아 네트워크를 구축한다"는 네 개 조항을 결의했다. 하루 동안 진행된 짧은 행사였지만, '지산지소'와 '자원 순환 사회'의 가치를 품에 안고 땅과 함께하는 이들의 에너지가 충만했다.

한편 유채 서미트는 전국유채네트워크와 국회의원 모임이 공동으로 주최했는데, 유채 프로젝트를 지원하는 국회의원 모임에는 참의원

700명과 중의원 중 130명이 참여하고 있다고 한다. 한국의 경우 석유사업법 등 제도적 진입 장벽으로 부안 등의 유채 프로젝트가 어려움을 겪고 있지만, 농부들의 자원 순환 공동체 만들기 노력을 지원하는 정치인이 거의 없는 상황과 뚜렷이 대비된다.*

---

* 2008년 8월 전남 순천에 있는 바이오디젤 업체인 대표 A씨는 사업 목적이 아닌 사람이 소비 목적으로 바이오디젤을 생산·판매하는 것이 불법인지 아닌지에 관해 항의하기 위해 자신을 스스로 고발했다. 1심에서는 '판매 목적이 아닌 자기 차량에 사용하는 것은 합법'이라는 판결을 받았지만, 2심에서는 '제조업 등록을 하지 않았기 때문에 위법'(석유사업법)이라는 판결로 벌금 50만 원을 선고받았다. 자신이 직접 바이오디젤을 만들어서 사용하는 행위 자체를 금지하고 있는 것이다. 이 판결에 따라 소규모로 바이오디젤을 생산해온 전국의 많은 생산자와 교육용으로 제작하던 많은 기관에서는 현재 바이오디젤 생산과 주유를 하지 못하고 있다.

석유 없이 농사짓는
오가와마치의 농부들 ⭕

도쿄에서 기차를 몇 번 갈아타고 두 시간 만에 사이타마현 중부에 있는 오가와마치를 찾았다. 잘 정돈된 한적한 시골역에 도착한 우리는 걸어서 15분 거리에 있는 시청으로 향했다. 로비에 놓인 한글로 된 홍보 브로셔가 눈에 띈다. 8쪽짜리 브로셔에는 오가와마치의 도로 지도는 물론, 지역 특산물과 주변 관광지까지 자세히 설명돼 있다. 오가와마치는 약 1300년의 역사를 가진 전통 수공예품인 일본 종이가 유명하다고 한다. 내구성이 좋아 1000년 이상 보존할 수 있는데, 화재가 났을 때 우물에 던진 뒤, 나중에 건조시켜서 사용한 일화가 있다고 설명한 대목이 인상적이다. 그런데 우리는 종이로 유명한 오가와마치에 에너지 자립 마을을 찾아왔다.

오가와마치의 자원 순환 공동체 만들기 실험

오가와마치 시청의 에너지 정책 담당자는 미리 준비한 홍보 영상을 보여주고, 오가와마치에서 진행 중인 에너지 정책을 설명한다. 준비된 자료나 익숙한 설명으로 짐작컨대 이곳의 에너지 자립 실험이 제법 유명한가 보다. 우리가 오기 직전에 희망제작소의 박원순 상임이사와 한국의 지방자치단체장들이 연수를 왔다고 하니, 몇 년 뒤에는 오가와마치의 한

글 홍보 브로셔에 '에너지 자립 마을' 설명이 더해지지 않을까.

담당 공무원은 음식물 쓰레기를 이용한 바이오가스 실험을 설명하면서, 간간이 지자체의 어려움을 호소한다. 지자체의 재정 부담과 행정력이 주민들의 불만 없이 골고루 미쳐야 한다는 점을 강조한다. 공무원의 고충은 어느 나라나 비슷한 것 같다. 나쁘게 말하면 창의적이거나 실험적이지 못하다는 비판을 할 수 있겠지만, 한편으로 행정이라는 영역 자체가 갖는 보편성과 책임이라는 특성이 작용한 것이라고 할 수 있겠다.

구와바라 씨의 농장에는 택시를 타고 가기로 했다. 요금이 비쌌지만, 시간도 빠듯한데다가 외국인이 시골의 대중교통 시간을 맞추기가 어려웠다. 구와바라 씨는 오가와마치의 자원순환형 농촌 공동체 만들기 실험에서 핵심적인 구실을 하고 있는 사람이다. 어느 곳이나 새로운 흐름을 만드는 중심에는 남들보다 앞서 고민하고 행동하는 사람들이 있기 마련이다. 한창 농번기가 시작한 터라 구와바라 씨는 낮잠 시간을 이용해 우리를 맞이했다. 급하게 연락한 탓에 여러모로 미안한 마음이었는데, 게다가 휴식 시간을 포기했다니 더 고맙고 감사하다.

오가와마치 자원 순환 실험의 산증인 구와바라 씨

밭에서 막 나와 흙 묻은 작업복을 갈아입을 새도 없이 우리를 맞이한 구와바라 씨는 자료집을 보여주면서 오가와마치의 자원순환 실험을 소개한다. 구와바라 씨는 1970년대부터 유기농으로 농사를 지어왔다고 한다. 그때는 일본에서도 유기농에 관한 이해가 거의 없었고, 시장에서 유기농 식품을 거래하지 않았다. 그래서 먼저 유기농을 인정하고 기꺼이 사 주려는 소비자를 찾기 시작했고, 소비자와 약정을 맺어 유기농 농산물을 공급했다. 어렵게 유기농 농가와 좋은 소비자들의 관계가 형성되면서 유기농이 조금씩 늘어나기 시작했다.

구와바라 씨는 석유 비료를 쓰지 않는 것에 만족하지 않고, 마을의 음식물 쓰레기와 농업 부산물을 이용해 바이오가스 플랜트를 만들었다. 그 뒤 질 좋은 액상 비료를 만드는 방법을 고민하다가 바이오가스 플랜트를 생각해냈다. 가축 분뇨와 음식물 쓰레기를 처리하면서 에너지도 얻고 천연 액비도 얻는, 한 번에 세 마리 토끼를 잡을 수 있는 방법이기 때문이다. 바이오 플랜트의 액비를 받는 곳에는 낡은 노트가 한 권 있었다. 지역의 농부들이 언제, 어느 정도의 액비를 가져갔는지 자발적으로 정리하고 있었다.

'바이오가스 카라반'을 다니던 구와바라 씨는 1996년에 유기농 농가와 에너지 전문가가 참여하는 '오가와마치 자연 에너지 연구회'를 만들었다. 그리고 2002년 7월에는 NPO 법인 자격을 취득해 '오가와마치 풍토 활용센터(NGO 풍토)'를 만들고 대표가 됐다. 지역 농민들이 만

일본 오가와마치의 음식물 쓰레기를 이용한 자원순환개념도

(사진제공 : NGO 풍토)

주민들의 자발적인
음식물 쓰레기 분리 수거

지자체가 음식물쓰레기
수집, 운반

지역 바이오
메탄가스 시설

지역통화로 야채를
구입하는 협력가구

천연비료인 액비 추출

도시가스 50% 수준
열량의 바이오가스 생산

든 'NGO 풍토'는 음식물 쓰레기 자원화 사업을 바이오가스 기술을 활용해 2001년부터 시험을 하다가, 지난 2006년 실용 자원화 시설을 가동했다. 이 사업은 지자체와 주민, 농가, NPO의 협동 사업이다.

먼저 오가와마치는 음식물 쓰레기를 소각해서 처리하는 비용으로 해마다 5000만 엔(약 7억 원)을 썼다. 음식물 쓰레기 1킬로그램당 40엔(약 600원)이 드는 셈인데, 에너지도 낭비하고 자원도 버리는 일이다. 구와바라 씨는 시청을 찾아가 공무원을 설득했다. 지자체가 동의하면서 음식물 쓰레기 처리를 대행하는 대가로 연간 100만 엔(약 1400만 원)의 운영 위탁금을 받기로 했다.

둘째, 음식물 쓰레기를 제공하는 가정에 지역 화폐를 제공해 바이오 플랜트에서 나오는 액비로 재배한 유기농 채소를 살 수 있게 했다. 일본에서 보통 가정은 1년에 150킬로그램의 음식물 쓰레기를 배출하는데,

1킬로그램당 절약되는 20엔(약 300원), 연간 평균 3000엔(약 4만 원)을 지역 화폐로 각 가정에 돌려주기로 했다. 음식물쓰레기를 자원화해서 얻는 이익은 주민과 지자체, NPO가 함께 만든 가치이기 때문이다. 각 가정은 지역화폐를 1년에 두 번 열리는 농부 시장farmers market에서 지역 농산물을 구입하는 데 쓸 수 있다.

셋째, 구와바라 씨가 바이오가스 플랜트를 만들 때 8000만 엔(약 10억 원)이 들었는데 절반은 주민 출자를 받고 절반은 AP뱅크에서 연 1퍼센트 이자로 융자를 받았다. 농촌 마을에서 주민 출자로 5억 원을 만든 것도 대단하지만, 예술가들의 힘Artists Power 또는 대안 에너지Alternative Power를 뜻하는 AP뱅크도 특이하다. 일본의 유명 팝스타들이 공연 기금의 일부를 모아 재생 가능 에너지와 환경 관련 프로젝트에만 융자를 해주는 NGO를 설립해 운영하는 것이다. 그렇게 모은 돈으로 오가와마치 주민들이 바이오가스 플랜트를 짓기 시작했다.*

한국에서도 주민 참여나 거버넌스를 많이들 얘기하는데, 조금씩 천천히 이해당사자들이 서로 협력하면서 상호 신뢰를 바탕으로 실천하는 이런 모습은 찾기 힘들다. 일본 사회의 강점 중의 하나인 '작은 문제에 집중해 천천히 조금씩 만들어가는 힘'을 느낄 수 있었다. 물론 일본 시민운동가들이 한국 NGO의 활력을 부러워하듯이, 자신의 단점에서 상대의 장점을 찾는 게 인지상정인지도 모르겠다.

구와바라 씨와 간담회가 진행되는 동안 솔라네트**의 사쿠라이 가오루 씨가 찾아왔다. 구와바라 씨와 함께 오가와마치 실험을 이끌고 있

---

* 이유진, 〈일본에서 배우는 '지역 에너지 디자인'〉, 《환경과 생명》 2009년 겨울호.
** 솔라네트는 태양광 패널을 만드는 사회적 기업이다. 솔라네트는 지역 고등학교 학생들에게 교육을 통해 태양광 패널 100장 정도를 제작해 학교 지붕에 직접 설치했다. 사쿠라이 카오루 씨는 고도의 기술인 하이테크라는 것도 동네 주민의 손에서 가능하다는 것을 보여주고 있다.

각 가정에서 수거한 음식물 쓰레기를 바이오매스 플랜트에 옮기고 있다.

는 사람이다. 사쿠라이 씨는 태양광 발전기를 학생들과 직접 만들고 설치하는 일을 하고 있단다. 태양광 발전기 부품을 사다가 단순 조립하는 수준이 아니라, 태양광 전지를 구입해 태양광 모듈을 직접 만드는 프로그램을 운영하고 있다는 점이 인상깊었다. 더구나 일본만이 아니라 제3세계에 태양광 발전기를 보급하는 사업을 진행하고 있었다.

이방인을 위해 달콤한 낮잠을 포기한 구와바라 씨와 작별인사를 나누고 다음 행선지인 치치부시로 향했다. 우리가 묵을 곳은 오래된 일본의 전통 여관인 '적곡온천 소록장'이다. 일본 전통 여관을 처음 체험하는 기회였다. 일본 물가에 견주면 비싸다고 할 수 없는 1인당 10만 원에 온천은 물론이고 저녁 만찬과 아침, 그리고 픽업 서비스까지 제공된다. 온천을 한 뒤 환갑이 넘은 듯한 여관 주인 아주머니가 직접 저녁 시중을 들어주시더니, 일본 전통 노래까지 한 자락 뽑아주신다.

치치부시, 바이오가스로 만드는 순환경제

일본 전통 여관의 호사스런 하룻밤을 보내고, 우리는 여관에서 제공한 벤을 타고 치치부시로 향했다. 산으로 둘러싸여 있는 치치부시로 가는 길은 마치 강원도의 풍광을 연상시킨다.

치치부시 환경대책과에서 브리핑을 시작했다. '치치부시의 기본 구상'이라는 제목의 자료 첫 부분의 '미래도시상 — 환경 중심·경제 회생'이란 슬로건에서 치치부시의 지향을 알 수 있다. 치치부시는 전통적으로 산림에 의존한 경제 활동을 해왔다고 한다. 그러나 목재 가격의 침체와 임업 노동자의 고령화, 벌채와 삼림 조성 등의 감소에 따라 임업이 점점 쇠퇴했다. 1960년대만 해도 치치부시의 임업 종사자는 1258명에 이르렀지만, 2000년에는 139명으로 10퍼센트 수준으로 떨어졌다고 한다.

임업의 쇠퇴로 지역의 활력이 떨어지자 2004년 아라카와 서미트 선언을 한 치치부시는, 그 연장선에서 풍부한 목재를 이용해 에너지를 생산하자는 계획을 수립한다. 특히 야심차게 추진하고 있는 '바이오매스 건강 마을' 구상이 인상적이다. 간벌재 등 미활용 목질계를 이용해 바이오매스 열병합 발전소에서 115kW 규모의 전기와 시간당 150Mcal의 열을 생산한다는 계획이다. 에너지 생산 실적을 보면, 지난 2007년 4월부

바이오매스 건강 마을 발전소 개념도(제공: 치치부시).

터 2008년 3월까지 1년 동안 395톤의 칩을 사용해, 190MWh의 전기와 1168톤의 온수를 공급했다.

　　바이오 열병합 발전소에서 생산한 전기는 요시다 건강 마을로 보내고, 온수는 클럽하우스의 욕조에 제공하고, 발생하는 온풍은 칩을 건조하는 데 쓰인다. 아직은 프로젝트의 초기 단계로 기술 개발과 추가 투자를 통해 목표를 달성한다는 계획이다. 다만, 우리가 방문할 때 시장이 막 바뀌어서 에너지 정책이 변할 수도 있다는 얘기를 들었다. 새로운 지방 정부와 함께 치치부시의 실험이 더욱 풍성해지기를 기대해본다.

치치부시의 고즈넉한 전경.

치치부시의 에너지 담당 공무원이 폐목재를 이용한 정화 시설을 설명하고 있다.

영국

정말 괜찮은 녹색 마을들

김현우

일정　2009년 12월 7~10일

장소　런던, 밀레니엄 빌리지, 베드제드

참여　김현우(에너지기후정책연구소), 정문주(한국노총), 유기수(건설산업연맹),
　　　석치순(국제노동자교류센터), 장영배(공공운수연맹)

United
Kingdom

전통의 런던,
혁신의 런던

런던은 지하철부터 빅벤 시계탑까지 모든 게 옛 모습과 분위기를 간직하고 있지만 첨단과 혁신에서도 몸을 사리지 않는 도시다. 기후변화 대응에 관해서도 런던 시 전체가 호흡을 맞춰 움직인다는 인상을 받았다. 코펜하겐으로 가는 여정을 쪼개어 닷새 동안 머문 런던은 녹색 선도 도시의 면모를 여러 곳에서 보여주었다.

2009년 12월 6일. 런던에는 역시나 비가 흩뿌린다. 영국의 동네 술집 '퍼브'를 전전하며 하루 동안 현지 적응을 마친 뒤 계획된 견학 코스에 돌입했다. 월요일 아침 런던은 출근하는 이들로 바삐 움직였지만, 우리의 느긋한 발걸음은 런던 시청으로 향했다. 여기에서 시작해 런던을 알아보자는 단순한 이유였지만, 결과적으로 적절한 선택이었다. 멀리서도 투구를 엎어놓은 듯이 보이는 기하학적 형태의 유리 건물이 런던 시청이다.

런던 시청은 21세기를 맞아 런던 동부에 새로 건축된 일련의 현대적 건물들의 랜드마크인 동시에, 그것 자체로 채광과 에너지 저감에 신경을 쓴 친환경 건축물이기도 하다. 템스 강 건너편의 고색창연한 건물들과 묘하게 잘 어울린다. 위층까지 공개하지 않는 평일이어서 간단히

'유리 달걀'이라고도 불리는 런던 시청. 노먼 포스터의 작품이다.
테이트모던 갤러리는 화력 발전소를 갤러리로 꾸민 것이다.

지하철 통로에 설치된
자전거 연결 지도.

런던의 지하철
'underground'. 좁고
덜컹거리지만 빠르다.

전시실만 보고 나왔지만, 런던이 온실가스 저감, 자전거길, 템스 강 정화를 위해 쏟는 노력을 실감할 수 있었다.

템스 강변을 거슬러 굽이굽이 골목길을 따라 도착한 곳은 밀레니엄 브리지 앞의 테이트모던 갤러리다. 이 건물은 굴뚝 하나가 우뚝 솟은 외관부터 인상적이다. 그것도 그럴 것이 테이트모던 갤러리는 폐쇄된 화력 발전소의 외관과 구조를 그대로 살려 현대미술 전시 시설로 탈바꿈한 것이기 때문이다. 지금은 앤디 워홀 등 유명한 현대 미술가들의 작품을 무료로 전시해 엄청난 관광객들을 끌어들이고 있을 뿐 아니라, 도시 경관과 역사의 보존, 에너지 절약 등 여러 가지 성과를 거둔 사례로 주목받는다. 한국에서도 서울의 당인리 발전소(서울화력)가 수명을 다해가자 테이트모던 갤러리를 모델로 삼아 문화 시설로 전환시키자는 논의가 일어난 적이 있다.

해외 도시들에 가면 지하철을 유심히 보게 된다. 도시의 각 부분이 어떻게 엮이는지, 사람들이 어떻게 이동하고 소통하는지 잘 알 수 있기 때문이다. 런던의 지하철은 백년도 더 되었다는 유명한 '언더그라운드'다. 처음에는 석탄을 땠다고 한다. 물론 최근 건설된 노선은 아주 현대적이다. 지하철 안에 설치한 에스컬레이터 속도가 한국의 두 배다. 빠른 도시다. 역마다 지하철과 자전거 연계망이 잘 표시돼 있다. 빠름과 느림의 공존이랄까.

혼잡통행세 진통을 거듭하다

금융가로 유명한 '시티'에 들어섰다. 붉은 동그라미 바탕에 흰 글씨로 'C'자를 그린 도로 표지가 혼잡통행세Congestion Charges 시행 지역이라는 것을 알린다. 1999년 런던광역자치체 조례는 미래의 어떤 시장에게든

'도로 이용자에게 과금'을 할 수 있는 권한을 부여했고, 유명한 좌파 정치인 켄 리빙스턴^{Ken Livingstone}은 런던 중심부를 통과하는 차량에 5파운드(약 9000원)의 통행세를 부과하겠다는 공약을 내세우고 시장으로 당선됐다.

혼잡통행세는 한마디로 혼잡 과금 구역으로 설정된 런던의 구역을 지나는 운전자에게 통행세를 물리는 것이다. 2003년 2월 17일 런던 중심부 일부에서 시행되기 시작했고, 2007년 2월 19일부터 서부 런던까지 확장됐다. 그러나 런던 중심부를 가로지르는 가로 등 일부 도로에서는 통행세가 면제된다.

공휴일과 크리스마스 기간을 제외한 월요일부터 금요일까지 오전 일곱시에서 오후 여섯시 사이에 과금 구역에 진입하거나 지나는 차량은 하루 8파운드(약 1만 5000원)를 지불해야 하고, 하루가 지나면 10파운드(약 1만 8000원)로 늘어난다. 통행세는 웹사이트, 문자 메시지, 상점에 설치된 수납 기기, 전화 등으로 낼 수 있다. 버스, 택시, 구급차, 소방차, 경찰차, 오토바이, 소형 삼륜차, 대안 에너지 차량, 자전거는 면제되며, 구역 내 거주민들에게는 할인이 적용된다. 14일이 지나도록 입금을 하지 않을 경우 60파운드, 28일이 지나면 180파운드(약 33만 원)까지 벌금이 가중되어 부과된다. 시스템은 CCTV와 번호판 자동 인식 기능을 이용해 운영된다.

혼잡통행세는 무척 큰 사회적·정치적 비용을 치렀다. 통행세가 시행되기 며칠 전부터 공포에 가까운 반응이 있었고, 켄 리빙스턴 시장 자신과 옹호자들조차 "아주 힘든 며칠", "잔인한 날^{bloody day}"이 될 것이라고 말할 정도였다. 의회가 통행세에 반대해 법률 소송을 했지만 기각됐다. 자동차 이용자 단체들에서는 통행세에 반대하는 대대적인 캠페인을

혼잡통행세 과금 구간을 알리는 표지판. CCTV로 촬영되고 있다는 것을 보여준다.

펼쳤다. CCTV를 통한 과금 시스템 때문에 운영을 담당하는 캐피타 사는 2003년의 '빅브라더상'을 수상하기도 했다.

2008년 시장 선거에서도 통행세는 초미의 관심사였다. 보수당 후보인 보리스 존슨은 통행세를 재검토하고 2008년 10월로 예정된 배출량 기준 통행세 도입을 실시하지 않겠다고 공약했다. 시장에 당선된 존슨은 2008년 가을 5주 동안의 공청회를 열고 2010년까지 서부 런던으로 통행세 구역을 확장하는 방침을 철회하겠다고 발표했다. 또한 한산한 시간대에는 차등 요금을 도입할 것을 검토 중이다.

이런 진통이 있지만 혼잡통행세라는 제도에 관한 연구와 실험은 계속될 전망이다. 런던의 혼잡통행세는 우회 수단이나 대안을 완벽하게

트라팔가 광장의 기후캠프 농성장.

만들어놓은 뒤에 교통량을 감축하는 것이 아니라 오히려 목표와 데드라
인을 정한 뒤 수단을 찾고 전환을 강구해야 한다는 녹색 교통의 중요한
원칙을 보여준다. 또한 사회적으로 큰 영향을 미치는 정책을 시행할 때
중앙 정부의 가이드라인과 지방 정부의 의무와 구실, 사회적 동의와 협
조가 모두 중요하다는 것을 알려준다.

기후캠프 인증샷

숙소로 가던 길에 들른 트라팔가 광장에서 우연히도 한 무리의
텐트를 만날 수 있었다. 한국에서도 익숙한 '농성 천막'이다. 코펜하겐 기
후변화회의에서 올바른 결과가 나오기를 바라는 영국의 환경 활동가들

과 노동조합이 판을 벌인 것이다. 그러나 분위기는 무겁다기보다 즐겁고 편안하다. 어떤 이들은 대자보를 붙이고 어떤 이들은 밥을 먹으며, 구경하는 사람들에게 열심히 설명을 한다.

농성장에는 철도항만운수노조[RMT], 공장 폐쇄에 맞서 투쟁하는 풍력 터빈 생산업체 영국 베스타스[Vestas] 공장 노동자의 농성 천막도 있었다. RMT는 대중교통 관련 정책과 캠페인을 활발히 벌이는 조직이라, 그전부터 만나려고 했지만 연락이 닿지 않았다. 그래서 농성장 깃발을 보고 반가웠는데, 여기서도 조합원은 간 데 없고 깃발만 나부끼고 있었다. 다른 투쟁으로 바쁜 모양이다. 소속을 알 수 없는 현지 활동가와 '인증샷'을 찍는 것으로 대신했다.

탄소 군대와 ⭕
에너지 제로 하우스

런던 동부 템스 강 연안의 '도크랜드'는 단어 그대로 부두가 있던 지역이다. 1960년대 후반부터 시설 노후화와 이용 감소로 도크들이 폐쇄돼 아주 황폐해진 곳으로, 80년대 좌파가 장악한 런던광역시의회GLC에서도 도크랜드의 재생 방안을 놓고 치열한 논의가 펼쳐졌다.

영국 정부는 런던도크개발공사LDDC를 만들어 1981년부터 2001년까지 예산 16억 파운드(약 3조 원) 등 모두 76억 파운드(약 14조 원)를 들여 경전철 등 도시 기능을 회복하는 대규모 공사를 실시했다.

지금 O2라는 공연 전시 시설로 쓰이는 '밀레니엄 돔'은 건축가 리처드 로저스의 작품으로, 이 지역의 랜드마크가 되고 있다. 돔 바깥으로 길게 뻗은 거대한 철제 구조물이 와이어로 지탱되는 인상적인 건물이다. 디자인을 둘러싸고 찬반 의견이 분분하기는 하지만 도시 활성화의 계기가 되고 있는 것은 분명하다.

밀레니엄 빌리지와 에콜로지컬 파크

이 일련의 작업들은 밀레니엄(새천년)을 맞이해 계획한 도시 재생 프로젝트다. 바로 옆에 조성된 그리니치 밀레니엄 빌리지GMV, Greenwich

Millennium Village는 알록달록한 채색과 아기자기한 외양으로 눈길을 끌었다. 친환경 재생과 전통문화의 복원, 자연과 조화하기를 기치로 해 2005년 1차로 1377가구가 조성됐고, 2012년까지 추가로 1500여 가구를 짓는 공사가 막 진행되고 있었다.

빌리지 아파트는 6~10층의 중저층으로, 여러 개의 소규모 광장을 중심으로 나뉘어 있으며 주차장은 중앙 광장 지하에 존재한다. 공동 풍력 발전기와 태양광 패널을 설치해 상수도 펌프의 전력원과 에너지원으로 사용한다.

밀레니엄 빌리지를 더욱 매력적으로 만드는 것은 바로 앞의 자연형 습지다. 사람들은 과거에 건축 폐기물로 뒤덮였던 가스공장 철거 부지를 과연 어떻게 활용할 수 있을지 의심스러워했다. 하지만 물을 끌어오고 몇 년을 기다린 결과 놀라운 변화가 일어났다. 2만 평방미터가 쾌

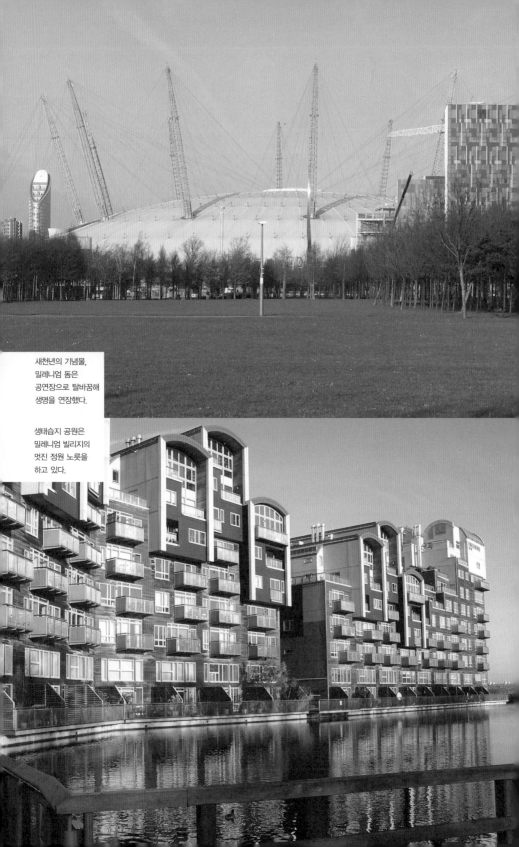

새천년의 기념물,
밀레니엄 돔은
공연장으로 탈바꿈해
생명을 연장했다.

생태습지 공원은
밀레니엄 빌리지의
멋진 정원 노릇을
하고 있다.

"기후변화에 관해 듣는 것으로 만족할 수 없다면, 탄소 군대로 동참하세요!"

적한 '생태습지공원Greenwich Ecological Park'으로 바뀐 것이다.

공원 안내소 입구에 '탄소 군대Carbon Army' 홍보 포스터가 보인다. 영국 사회 곳곳에서 탄소를 저감하기 위한 행동에 나서라는 뜻이다. 삭막한 군대가 떠오르기보다는 외려 친근하게 느껴졌다.

이름이 아깝지 않은 베드제드

우리가 런던 남부 외곽의 베드제드BedZed, Beddington Zero Energy Development를 방문한 이유는 대도시 에너지 제로 하우스 단지의 실험 사례를 보고, 건축물의 에너지 전환 노하우와 지역 사회에 미치는 영향을 알아보려는 것이었다.

1999년부터 2001년에 걸쳐 개발된 베드제드 단지는 환경 친화적

베드제드의 닭 벼슬 모양 환기통. 수직 벽에도 태양광 패널이 보인다.
폐파이프와 폐목재로 재활용한 침대.

재생 에너지를 연구하는 사무실 풍경.

이고 에너지를 효율적으로 쓸 수 있도록 디자인된 주거·사무 공간으로, 과거에 폐기물 처리장으로 사용되던 부지를 아이들이 뛰어놀 수 있는 공원과 집마다 정원을 갖춘 넉넉한 녹색 공간으로 변신시켰다.

이런 정신은 공사 방식에도 적용됐는데, 공사 부지의 35마일(약 56킬로미터) 안에서 구할 수 있는 자연 소재 또는 재생 가능하거나 재활용 가능한 건축 재료가 최대한 사용됐다. 예컨대 단지 건설에 사용된 강철의 90퍼센트는 근처 브라이튼 역에서 나온 것을 재활용했고, 폐플라스틱을 압축한 탁자와 의자, 폐파이프와 폐목재를 활용한 침대 등을 쉽게 찾아볼 수 있었다.

한국에서는 폐파이프와 폐목재를 사용한 침대를 누가 새 주택 단지에 쓸까 하고 생각하겠지만, 친환경 염료와 소재를 사용한 벽지를 바른 채광 좋은 침실은 참 아늑하고 실용적으로 보였다.

단지 안에는 펠릿 보일러 시설이 있어서 목재 펠릿을 이용한 열과 전력이 통합된 에너지 유닛을 통해 난방과 전력을 공급한다. 집들을 다 남향으로 배치하고 좋은 단열재와 삼중창을 사용해, 태양열과 에너지를 최대한 효율적으로 사용할 수 있게 했다. 또한 빗물과 한 번 쓴 물을 최대한 재활용할 수 있는 시스템을 설치해 단지 안에서 쓰이는 양을 3분의 1로 줄였다. 지붕마다 설치된 닭 벼슬 모양의 공조 장치는 환풍과 난방에 크게 도움을 준다. 고밀도의 3층짜리 블록들이 옆으로 연결된 저층 아파트들은 각각 실내외와 옥상에 정원을 가지고 있으며, 자연광 채광을 최대한 활용하게 했다.

단지 안에는 재생 에너지와 건축을 연구하는 집단이 입주해 활동을 벌이고 있어서, 베드제드의 실험이 앞으로도 계속된다는 것을 알 수 있었다.

2부

자원 개발로
신음하는
아시아의 주인들

Thailand
Indonesia
Burma
Laos

'정의로운 에너지 프로젝트'는
아름다운재단의 '변화의 시나리오
사업' 덕분에 가능했다. 또한 많은
이들의 연대와 협력이 없었으면 우리의
여행은 불가능했을 것이다. 인도네시아
오일 팜 현지 조사는 '사윗 워치'의
제프리와 치차, 버마 쉐 가스 개발은
'국제지구권리'의 매튜와 '쉐 가스 대항
운동'의 윌 아웅. 지원 사업은 태국의
'국경녹색에너지팀'의 양세진, 라오스의
'썬라봅'. 그리고 국내에서 함께 사전
조사에 참여했던 '국제민주연대'의 나현
필, '좋은예산센터'의 채연하.
이들 모두에게 감사의 인사를 전한다.

하루가 멀다 하고 지구 온난화가 심각해지고 있다는 보고서가 쏟아지면서 새삼 기후변화 협약*에 전 지구촌의 이목이 집중되고 있다. 여느 국제 협약과 다름없이 법적 구속력도 없고 국가간 일반적 원칙에 불과한 기후변화 협약에 왜 지나친 관심이 쏠리고 있는 것일까? 그것은 기후변화가 각국의 에너지 사용, 즉 경제 발전과 직접적인 인과관계를 형성하고 있기 때문이다. 기후변화를 막으면서도 경제 발전을 도모해야 하는 각국 정부로서는 큰 관심사가 아닐 수 없다.

특히 기후변화 협약은 의정서 등을 통해 온실가스 감축에 관한 구체적 지침을 확보하는데, 선진국들의 의무 감축을 규정해놓은 교토 의정서와 달리, 2013년부터는 선진국과 개발도상국 모두 온실가스 감축에 동참해야 한다. 결과적으로 본의 아니게 환경 보전과 경제 성장의 갈림길에 서 있는 기후변화 협약 회의는 언제나 경제적 이권이 걸린 이전투구의 장이 되고 만다. 하지만 그런 이권 다툼에는 언제나 피해자가 생기기 나름이다. 2007년 인도네시아 발리, 2008년 폴란드 포즈난, 2009년 덴마크 코펜하겐에서 열린 기후변화 협약 당사국 총회에서 전세계는 주요 선진국들이 기후변화에 관한 구체적이고 적극적인 합의를 할 것이라고 믿었다. 아니, 믿지는 않았겠지만 그렇게 기대했다. 하지만 결국 아무런 결과도 내놓지 못했다. 특히 기후변화에 가장 큰 책임이 있는 미국은 '개발도상국들 역시 온실가스 의무 감축에 동참해야 한다'는 태도를 고수해 회의를 파국으로 몰고갔다. 결국 선진국의 이해관계에 따라 지금 '당장'

---

* 유엔 기후변화 협약(UNFCCC, United Nations Framework Convention on Climate Change)이란 기후변화를 막기 위해 1992년 리우데자네이루에서 열린 지구정상회의에서 채택된 국제 협약이다. 지구 온난화에 대응하는 전지구적 공동 행동의 원칙을 규정해놓았으며, 협약이 발효된 1994년 이후 해마다 연말에 (환경부) 장관급 관료를 수석 대표로 하는 당사국 총회(COP)를 개최하고 있다. 1995년 독일 베를린에서 첫 번째 당사국 총회가 열렸고, 2009년 12월 코펜하겐에서 열린 회의가 15차 기후변화 협약 당사국 총회다.

의 일인 제3세계의 피해는 또다시 다음으로 미뤄졌다.

가라앉고 있는 제3세계 국가들

남태평양에 있는 투발루라는 국가는 지구 온난화로 해수면이 지속적으로 상승하고 있다. 과학자들은 21세기 안에 투발루가 물속으로 가라앉게 될 것이라고 경고했다. 실제로 투발루는 해수면 상승으로 농토가 부족해져 깡통에 흙을 담아 나무에 매달아놓고 농사를 짓고 있는 형편이다. 이런 상황은 비단 투발루에만 국한된 것이 아니다. 투발루 옆에 있는 키리바시 공화국의 경우는 이미 섬 두 개가 바다에 가라앉았고, 휴양지로 유명한 인도양의 몰디브 역시 금세기 안에 지도에서 사라질 것이라는 진단을 받았다.

이란 상황에 놓인 국가들은 군서도서국가연맹AOSIS을 결성해 기후변화에 책임이 있는 국가들이 기후 문제를 해결할 것을 촉구하고 있다. 하지만 제3세계 국가들의 요구는 그저 공허한 메아리에 불과할 뿐이다. 선진국들은 여전히 자국의 경제 보호에만 관심이 있고, 자신들의 역사적이고 환경적인 책임에는 무관심하기 때문이다.

기후변화의 책임과 피해 그리고 확대되는 국가간 불평등

'기후변화에 관한 정부 간 패널IPCC'은 2007년 4차 보고서를 통해 현재 기후변화의 책임은 90퍼센트 이상이 인간의 책임이 확실하다고 못 박았다. 그렇다면 기후변화에 관한 각국의 책임은 어느 정도일까? 국제에너지기구IEA 자료에 따르면 산업혁명 이후 현재까지 온실가스 배출량 중 경제협력개발기구OECD로 대표되는 선진국들이 차지하는 비중은 60퍼센트에 육박한다. 요즘 들어 급격히 경제가 성장한 중국과 인도 등의 배출량이 급증하기는 했지만, 1인당 배출량은 여전히 크게는 열 배 가량 차이가 나고 있다. 지금의 기후변화는 선진국 때문이라고 해도 지나친 말이 아니다.

하지만 기후변화의 '피해'는 정반대 양상으로 나타나고 있다. 대부분의 제3세계 국가는 지정학적으로 자연재해에 취약한 곳에 있다. 지구 온난화는 열파, 한파, 폭우 등 극단적 기후변화 현상을 증가시키는 경향을 보이는데, 온실가스 배출에 거의 책임이 없는 제3세계 국가들이 대부분 자연재해가 빈번한 곳에 있다.

자연재해를 겪을 때 대처하는 능력이나 복원하는 능력 역시 차이가 난다. 똑같이 재해를 겪더라도 제3세계 국가들이 선진국에 견줘 더 오랜 기간, 더 많은 역량을 투여할 수밖에 없다. 거기에다가 기후변화의 피해가 지정학적으로 취약한 제3세계 국가들에 집중되고 있기 때문에, 기후변화는 해당 국가들의 경제가 성장할 가능성을 봉쇄하게 된다. 즉 기후변화에 따른 불평등을 확대 재생산하는 주요한 원인이 된다.

교토 의정서에 따른 온실가스의 거래 또한 이런 불평등을 더욱 심화시킬 것으로 전망되고 있다. '온실가스 배출권'(국가별로 이산화탄소 배출 감축 의무와 허용량을 정하고, 목표량만큼 감축하지 못하는 국가는 할당량을 달성한 국가에서 배출권을 사들이게 했다)이라는 방식을 통해 봉이 김선달식으로 자연을 자본화한 것도 납득하기 어렵지만, 이 배출권이 각국에 공평하게 작용하지 않는다는 점에서 치명적인 불평등 메커니즘이 될 수밖에 없다. 자본의 속성상 소자본은 거대 자본에 종속될 수밖에 없고, 이미 자본과 자연에 관한 헤게모니를 쥐고 있는 선진국들은 이런 메커니즘을 통해 자신들의 지배력을 더욱 공고히 하려고 할 것이 기 때문이다.

바이오 연료가 낳는 또 다른 문제들

선진국들은 기후변화에 책임을 지겠다는 미명 아래 여러 정책을 추진하고 있다. 하지만 그 정책 중 일부는 제3세계 국가들을 대상으로 하는 착취가 전제되어 있다. 대표적인 예가 바이오 연료다. 기후변화를 막을 수 있는 차세대 에너지원으로 꼽히는 바이오 에너지는 생산 효율성이 낮기 때문에 대량 생산을 위해서는 광활한 토지가 필요하다. 현재 유럽에서 쓰고 있는 바이오디젤은 대부분 인도네시아 같은 동남아시아 국가에서 생산하고 있다. 야자나무 등에서 추출해 생산하는 바이오디젤이 기존 디젤에 견줘 온실가스 배출량이 적기 때문에, 유럽 국가들은 앞다퉈 사용량을 늘리고 있다. 그러자 동남아시아 국가들은 바이오디젤을 주력 수출 상품으로 선정할 정도로, 생산에 열을 올리고 있다.

하지만 바이오디젤은 경작지가 많이 필요하고 생산성이 높은 작물을 단일 경작하기 때문에, 생산국의 '생물종 다양성'을 파괴하는 또 다른 환경 문제를 낳고 있다. 동남아시아의 열대우림에 의존해 살고 있는 주민들은 생활 기반이 위협을 받게 되고, 몇몇 주민은 값싼 임금을 받는 노동자 신분이 된다. 바이오디젤이 선진국의 온실가스 배출량을 줄여줄지는 모르겠지만, 제3세계 주민들은 선진국 사람들의 풍요로운 생활을 위해 삶의 터전을 잃고 노동력을 착취당하고 있다. 제3세계에서 생산한 바이오 에너지 중 자국에서 쓰이는 양은 아주 적다. 결국 제3세계의 모든 자원과 역량이 선진국을 위해 쓰이고 있는 셈이다.

또한 일부 바이오 에너지 작물의 경우는 제3세계 주민들이 먹는 주식과 경쟁 관계를 형성해 국제 곡가를 폭등시키기도 했다. 세계식량기구^{FAO}는 선진국의 바이오 에너지 사용량이 증가하면서 국제 곡가도 영향을 받고 있다고 지적하며 대안이 필요하다는 보고서를 내놓았다(동시에 바이오 에너지하고 상관 없이 비만과 기아가 공존하는 국제 식량 불균형도 인식해야 한다). 선진국들은 국제 곡가 상승이 염려된다는 모양새를 취했지만, 바이오 연료 사용을 줄이거나 긴급 구호 식량을 내놓는 데에는 무척 인색하다. 그 결과 아프리카 주민의 기아율은 더욱 높아졌고, 몇몇 국가에서는 식량 지급을 요구하며 소요가 발생하기도 했다. 몇몇 동남아시아 국가는 안정적인 곡물 수급을 위해 경작지 보호에 들어가는 등 '식량 민족주의'를 강화하고 있다.

'오염자 부담의 원칙'은 지켜져야 한다

이런 일련의 과정들은 결코 과장된 것이 아니다. 지금 실제로 일어나고 있는 일이고, 앞으로는 더욱 심각한 형태로 나타날 게 분명하다. 이 어려움을 극복하기 위해 제3세계 국가들은 선진국에게 기후변화에 관한 책임을 요구하고, 피해 경감을 위해 각종 청정 기술과 함께 경제적 지원을 요청하고 있다. 그러나 선진국들은 여전히 기후변화는 '우리 전부의 책임'이라는 주장만 되풀이하며 행동에 나서지 않고 있다. 기후변화나 에너지 사용의 책임은 선진국과 제3세계에 모두 있다. 하지만 다 똑같은 책임이 있는 것은 아니다. 환경 문제의 제1원칙이 '오염자 부담의 원칙'인 것처럼, 선진국은 자신들이 누린 물질적 풍요만큼 형평성 있고 적극적인 행동을 취해야 한다. 그것은 의무이자 정의의 문제다.

타이

기후정의 방콕 회의

한재각 · 조보영

기후변화, 책임자와 피해자는 누구인가

일정   2008년 7월 12~13일

장소   타이 방콕

참여   한재각(에너지정치센터)

이제는 '기후정의'다

일정   2009년 10월 4~5일

장소   타이 방콕

참여   조보영, 이진우(에너지정치센터)

Thailand

기후변화,
책임자와 피해자는
누구인가

기후정의? 2008년 새해를 맞은 지 얼마 되지 않았을 때, 알고 지내던 친구 한 명이 7월에 방콕에서 기후정의에 관한 국제회의가 열리니 참가해보면 어떻겠냐는 제안을 해왔다. 없는 살림이지만 관심이 불끈 솟았다. 환경오염의 심각성이 기존의 사회적 불평등의 선을 따라서 나타난다는 문제의식을 가지고 있었고, 또한 한 국가 차원을 넘어 국제적 차원에서 환경 불평등이 나타난다는 점에 관심이 있었기 때문이다. 관심을 가질 만한 사람들에게 입소문을 내니, 떠나는 날 공항에 모인 이들이 열 명 가까이 됐다. 홍콩을 거쳐 방콕까지 날아간 비행기가 내뿜을 온실가스의 값을 다 할지 걱정이었지만, 듣고 배운 것을 생각해보면 탄소 중립을 위해서 나무를 심는 '쇼*'를 하지 않아도 될 정도는 된 듯해 안심이 된다.

방콕은 뜨겁고 후텁지근했다. 우기이니 우산을 챙기라는 안내문이 무색하게 방콕에 머문 6일간 비는 한방울도 구경할 수 없었다. 우기

---

* 일부 환경단체들은 화석연료의 사용 등으로 지나치게 배출된 이산화탄소를 흡수하기 위한 방편으로 산림을 보호해야 할 뿐만 아니라 추가로 숲을 조성해야 한다고 주장하고 있다. 특히 불가피한 해외 출장 때문에 비행기를 탈 경우, 그 여행 과정에서 배출한 이산화탄소를 '상쇄'할 만큼 나무를 심는 데 기부하여 기후를 보호하도록 권유하고 있다. 이런 방식으로 친환경 서비스를 제공하는 기업들도 등장하고 있다. 그러나 실제로 이것이 기후 보호에 기여하는지, 나무를 심는 지역(주로 제3세계 지역) 사회에 부정적인 영향을 끼치고 있는 건 아닌지, 논란도 벌어지고 있다. 《공기를 팝니다》에서 더 자세한 내용을 확인할 수 있다.

라는데 왜 비가 오지 않느냐는 질문에, 누군가는 기후변화 탓이 아니겠 나며 멋쩍은 표정을 지었다. 그렇군. 나는 기후변화의 또 다른 현장에 와 있는 모양이다. 어쩌면 기후변화에 관한 회의를 개최하기에 적절한 시기 에 적절한 곳에 와 있다는 생각이 들었다. 숙소에서 로컬 버스와 방콕이 자랑하는 트램을 갈아타면서 행사가 열리는 출라롱콘대학교 앞에 있는 시암 역에서 도착했지만, 넓은 대학 캠퍼스를 한참 헤매야 했다. 어렵게 찾아간 행사장에는 '지금 바로 기후정의Climate Justice Now!'라는 현수막이 걸 려 있었고, 막 행사가 시작됐다. 조심스럽게 문을 열고 들어가니, 전세계 31개국에서 참가한 활동가 170여 명 중 일부는 행사장이 좁아서 바닥에 주저앉아 있기도 했다.

우리에게《한겨레》의 칼럼으로 잘 알려진 필리핀의 월든 벨로가 대표 중에 한 명으로 있는 남반구 초점Focus on Global South이 중심적인 구실 을 하는 기후정의 네트워크Climate Justice network에서 개최한 회의였다. 한국 의 시민운동이 정치적 중립을 표방하는 것하고 다르게 정치적 좌파의 노 선을 명확히 하는 이들이 개최한 회의는 기후변화의 위험성과 절박함만 을 일면적으로 강조하는 제1세계의 NGO들이 중심이 된 그런 회의하고 도 달랐다. 녹아내리는 빙하나 굶주림으로 떠도는 북극곰의 이미지들이 지배하기보다는 오히려 '사회정의', '제국주의', '토착민의 권리', '역사적 책임', '여성주의', '국제 금융 기구', '시장주의' 등 정치적 좌우파를 넘어 서 있다는 한국의 환경 담론에서는 조금 낯선 이야기가 더 중심이 된 회 의였다. 인간을 향한 자연의 복수 정도로 묘사되는 '기후변화'가 아니라, '기후변화'에 내재된 또는 그것을 둘러싸고 벌어지는 사회적 갈등과 투 쟁이 이번 회의의 관심사인 것이다.

기후변화를 가져온 책임은 누구에게 있는가, 기후변화로 피해를 받는 이들은 누구인가. 이것이 방콕 회의의 화두라고 할 수 있다. 회의 참석자들은 기후변화를 가져온 온실가스를 방출한 역사적인 책임이 선진국에 있으며, 기후변화로 위험에 직면하고 있는 사람들은 제3세계의 민중이라고 분명히 지적했다. 그러나 전지구적 위기로 부각된 기후변화의 대책을 논의하는 국제적 협상에서는 '사회 정의'가 사라지고 있다는 것이 회의 참석자들의 공통된 인식이다. 그것뿐만 아니라 국가적이고 지역적인 차원에서도 이런 사정은 마찬가지라는 것이다.

기후정의 방콕 회의에서 많은 관심을 모은 '탄소 거래'와 '식물 연료' 쟁점에 관한 토론에서 그런 인식이 잘 드러났다. 기후변화의 원인으로 주목받고 있는 이산화탄소 방출을 효율적으로 줄이기 위한 방안이라고 제시되고 있는 탄소 거래 시스템에 관해 선진국과 개발도상국에서 온 여러 참가자들은 거센 비판을 쏟아냈다. 탄소 거래는 선진국들이 자국의 탄소 배출을 유지하기 위해 개발도상국의 개발 역량을 값싸게 소진해버리는 것이며, 전지구적 차원의 탄소 배출 저감에도 도움이 되지 않는다는 것이다. 탄소 거래의 시장주의적 접근을 반대하면서, "국내의 탄소 배출 저감은 국내에서 진행해야 한다"고 결론지었다. 기후변화의 전지구적 위기 국면에서도 대기를 상품화해 거래하려는 시장주의에 명확히 반대한 것이다.

'식물 연료'의 쟁점은 좀더 복잡하며 다방면에서 모순이 드러난다. 이미 널리 알려진 것처럼 2008~2009년에 발생한 전세계의 식량 가격 폭등과 뒤이은 식량 위기는 투기 자본의 흐름뿐만 아니라 친환경 연료로 인정되는 바이오에탄올이나 바이오디젤 등 식물 연료의 수요가 증가하면서 빚어진 것이다. 유럽과 미국에서 자국의 대기오염을 줄일 뿐만 아니라 탄소 배출을 줄이기 위한 방안으로 식물 연료 사용을 확대하는 정책을 적극 추진하고 있기 때문이었다. 이렇게 해서 쾌적한 환경을 유지하고, 특히 EU는 기후변화 국제 협상에서 주도권을 확보해가고 있었다. 그러나 곡물가가 폭등하면서 시작된 식량 위기뿐만 아니라 식물 연료를 공급하기 위한 대규모 플랜테이션이 행해지는 자연 환경의 파괴와 인권 억압의 피해는 고스란히 제3세계의 몫이다. 누군가의 말대로 "자동차가 사람의 먹을거리를 빼앗아가고 있는 것"이다. 방콕 회의의 '식물 연료와 식량 위기' 워크숍의 참가자들은 "모든 산업화된 식물 연료에 반대한다"고 결론지었다. 제1세계의 쾌적한 환경과 국제 협상의 주도권을 위해서 제3세계 민중의 식량권과 자연 환경이 희생되는 것은 결코 정의로운 일이 아닌 것이다.

풀리지 않는 중국 문제

한편 이번 방콕 회의에 참가하기 전부터 관심을 가진 주제가 있었다. 이른바 친디아(중국과 인도)의 문제였다. 많이 알려져 있다시피 인구가 많은 중국과 인도는 최근 들어 급속한 경제 성장을 거듭하면서 석유, 곡물 같은 전세계 자원의 '블랙홀'이 되고 있다. 이미 중국(인도도 비슷할 텐데)의 환경오염은 심각한 수준에 이르렀으며, 기후변화와 관련해 보더라도 엄청난 온실가스를 배출하고 있는 상황이다. 최근에는 연간 온실가스 배출 총량에서 미국을 앞질렀다는 보고도 있을 정도다. 미국이 중국의 이런 상황을 물고 늘어져 기후변화 국제 협상에서 몽니를 부려 일을 복잡하게 꼬이게 만들더니, 결국 2009년 코펜하겐 국제 회의에서 예정된 국제 협약을 무산시키는 사단을 만들고 말았다.

타이 출라롱콘대학교에서 열린 기후정의 회의 모습. 아시아, 아프리카, 유럽, 북미 지역에서 많은 활동가들이 참여했다.

100여 명이 넘는 참가자들이 인사하는 방법이 흥미롭다. 중간에 설치된 마이크 뒤에 줄을 서서 한 명씩 국적과 이름, 소속 그리고 간단한 인사말을 했다.

중국은 다른 개발도상국들과 함께 기후변화 국제 협상에서 선진국들의 역사적 책임을 강조하면서 기후변화를 완화시킬 탄소 배출 저감과 적응에 필요한 재정 부담 등을 요구하고 있다. '기후정의' 차원에서 공감할 수 있는 요구다. 오히려 일부에서는 선진국의 역사적 책임을 바로잡는 '강한' 중국을 기대하고 있었다. 게다가 따지고 보면 중국의 이산화탄소 배출량이 많다고 하더라도 막대한 인구를 고려할 때 인구 1인당 이산화탄소 배출량은 여전히 크게 낮다는 점을 생각할 경우 그 정당성은 더욱 높은 상황이다. 대다수 중국 민중은 여전히 저개발된 조건에서 생활하고 있기 때문에, 더 나은 삶의 질을 누리기 위해서 발전해야 할 필요성을 인정하는 것은 당연하다는 말이다. 그럼 점에서 중국에게 '발전권'은 다른 개발도상국과 마찬가지로 중요한 문제이며, 일방적으로 무시돼서는 안 될 일이다.

그래서 고민이 시작된다. 중국이 기후변화 국제 협상에서 미국 등을 견제하는 태도를 갖는다고 해서, 또 역사적 책임이 작으며 대다수 중국 민중에게 발전권이 중요하다고 해서, 우리는 중국이 지금 같은 방식의 초고속 경제 성장을 추구하는 것을 용인해야 하는 걸까. 전세계, 특히 아시아 지역의 좌파들은 이 문제에 관해 어떤 견해를 가지고 있을까 궁금했다.

결론적으로 말해서 별로 확인한 게 없었다. 중국 참가자는 있었지만, 발표 내용은 중국 정부의 견해를 확인해주는 것에 머물렀다. 헛웃음이 나올 이야기지만, "후진타오 주석이 말씀하기를……"로 시작되는 발표였다. 중국과 인도 문제에 관한 워크숍의 결론도 이 국가들의 시민사회를 강화해서 기후변화 문제에 적극 나서게 해야 한다는 정도뿐이었다. 중국을 바로 옆에 두고 사는 한국 사람의 처지에서는 그저 답답할 뿐이었다.

2007년 12월은 우리를 포함해 기후 운동을 하는 아시아 지역의 활동가 들에게는 커다란 전환점이었다. 아마 기후변화 협약 당사국 총회를 한 번이라도 다녀온 경험이 있었다면, 그 회의가 우리에게 얼마나 큰 의미로 남을지 기록하지 않아도 머릿속에 고스란히 남아 있을 것이다.

대륙별로 순환하며 개최되는 당사국 총회는 개최 국가에 따라 부 각되는 이슈가 조금씩 다를 수밖에 없다. 나는 늘 기후변화를 막기 위해 아시아 지역이 좀더 목소리를 높여야 한다고 생각해왔다. 하지만 다양 한 언어, 많은 섬, 어지러운 정치 상황, 원주민의 인권, 파괴되는 산림, 소 리 없이 죽어가는 사람들 등 우리가 상상할 수 있는 기후변화에 따른 피 해와 어려움은 아시아 지역만 살펴봐도 모두 알 수 있다. 그런 의미에서 2007년 총회가 인도네시아 발리에서 열린다는 것만으로 충분히 의미 있 는 사건이었다. 처음으로 아시아 지역 사람들이 많이 모여서 목소리를 높이고, 이것을 해결하기 위해 힘을 모아야 한다고 생각한 것이다. 그렇 게 만들어진 것이 CJN^{Climate Justice Now!}이다.

CJN은 2007년 당사국 총회에서 결성됐고, 2008년에 타이 방콕 에서 첫 공식 회의를 통해 원주민과 여성 그리고 군소 도서 국가 등 다양한 사람들의 의견을 모아 '기후정의 원칙'을 합의했다. 그리고 다시 맞이한 2009년 CJN 방콕 회의. 언제나 조용하기만 할 것 같던 이곳에 새로운 물결을 만들어낼 기운이 감돌고 있었다.

코펜하겐에서 기후정의를 외치자!

방콕은 늘 갈 때마다 기분을 좋게 만드는 곳이다. 워낙에 볕을 좋아하는 성격에 아무리 뜨거운 볕이 내리쬐도 그늘을 피해 걷는 성격인 내게는 숨 막히는 열기도 즐길만 했다. 이제는 익숙해진 방콕의 시내를 지나 1973년 민주기념탑 옆 'CJN MEETING'이라고 써 있는 건물로 들어서자 몇몇 익숙한 얼굴이 눈에 들어왔다. 방콕 회의는 거리의 문제와 기후정의라는 이슈의 특수성 때문에 주로 아시아 지역의 활동가들이 중심이 되어 회의가 진행되는데, 그런 탓에 아시아 지역 활동가들에게는 정보 교류의 장이 되기도 한다. 올해는 '발리행동계획Bail Action plan'에 따라 2012년 이후 각국의 기후변화 대응의 방향이 정해지는 중요한 해이기에 아시아 지역뿐 아니라 2009년 당사국 총회가 열리는 덴마크와 다른 유럽 국가의 활동가들도 많이 참여했다.

'기후정의'라는 단어가 부상하기 시작한 것은 2007년 당사국 총회였지만, 그 단어는 아직까지 우리가 모두 공유하지 못하는 단어였다. 과연 '정의'라는 단어에 무엇이 포함되는가? 기후정의를 해결하기 위한 방법은 무엇인가? 길고 긴 논의가 이어졌다. 각 나라의 상황이나 원주민, 여성, 노동자, 군소 도서 국가 등 다양한 생각들을 나누는 시간도 이어졌다. 이렇게 각국의 상황이나 의견을 주고받으면서 그동안 수면 위로 드러나지 않은 아시아 지역의 새로운 정보를 얻을 수 있다. 나는 한국의 상황 그리고 이명박 정부의 '녹색 뉴딜' 정책의 허구성을 이야기했고, 그 사람들은 한 번도 기후변화 문제에서 적극적이지 않던 한국의 상황에 관심을 보였다. 특히 올해 한국이 의무 감축 국가군에 포함될 것이냐 하는 문제가 우리와 상황이 비슷한 멕시코, 싱가포르와 직결되어 있고, 중국과 인도 등 선진 개도국의 감축량에도 영향을 미칠 수 있기 때문에 중요한 지점이라는 걸 강조했다.

이야기가 끝나고 이제는 이런 우리의 목소리를 어떻게 표출할 것인지 고민하는 전략 회의가 시작됐다. 기후정의에 맞선 국제적인 움직임이 시작됐다고 느껴진 것이 그때였다. 한 번도 '기후정의'는 기후변화 문제의 핵심 의제인 적이 없었다. 이름만 들어도 아는 그린피스나 옥스팜 같은 국제적 환경단체도 이 의제에는 관심을 둔 적이 없었다. 하지만 코펜하겐 기후변화 당사국 총회를 준비하는 유럽의 활동가들은 반드시 기후정의 문제를 핵심 의제로 만들고 이것을 해결하기 위해 올해 안에 전 세계가 온실가스 감축을 위한 분명한 결론을 지을 수 있게 하겠다는 의지가 엿보였다.

CJN의 도움을 요청하기 위해 온 코펜하겐 활동가는 현지 상황을 브리핑하기 시작했다. 이미 영국의 기후 캠프 활동가들과 코펜하겐 활동가들을 중심으로 기후정의행동CJA, Climate Justice Action이라는 새로운 네트워크가 생겨났고 국제적인 환경단체들도 서로 연대해 기후정의 운동을 위한 방향을 만들어가고 있다는 좋은 소식과 함께, 정부는 집시법을 개정하고, 신고 되지 않은 집회는 허용하지 않을 예정이며, 일부는 입국 자체를 거부하겠다는 공문을 보내왔다는 놀랄 만한 소식도 전했다. 유례없는 강한 조치였다. 잠시 회의장 분위기가 싸늘해졌다.

아시아 지역 사람들에게 유럽에 가는 일은 쉽지 않은 결정이다. 그 돈이면 가난한 내 이웃이 배불리 먹을 수 있기 때문이다. 그런데 만약에 예상치 못한 상황으로 입국 거부를 당하거나 체포된다면, 상상하기도 싫은 결과가 초래되는 것이다. 수심이 가득한 얼굴들이 하늘만 보고 있었다. 그렇게 몇 분이 지났을까? 결국 내 이웃을 위해 지금 우리가 할 수 있는 것은 더 열심히 그 사람들의 이야기를 해주는 것밖에 없다. 그 사명감으로 지금껏 일한 사람들이었다. 결국 모든 사람들의 머리를 복잡하게 만든 정부의 강경 대응은 오히려 그 자리에 있던 모든 사람들에게 다시 열정을 불어넣었다. 그리고 그런 모습들은 내게 새로운 가능성으로 다가왔다.

기후 부채를 해결하라!

10월 4일 방콕 시내의 한 공원에 CJN 회의에 참석한 모든 사람이 함께 모였다. UN 건물 앞까지 행진을 하는 일정이었다. 'Climate Justice Now!'라는 피켓 사이사이 각자 준비해온 문구들이 눈에 띄었고, 각지에서 모여든 천여 명의 활동가들이 색색으로 줄을 맞춰 UN 건물을 향하기 시작했다.

UN 건물까지 한 시간 정도 걸은 우리는 온몸이 땀으로 젖어 있었다. 그러나 찝찝한 땀 냄새도 잊은 채 다시 오밀조밀 모여 건물 안까지 들리도록 '기후정의'를 실현하라고 외치고 연설을 시작했다.

기후부정의를 해결하려면 어떻게 해야 하는가? 이 질문에 답하기는 쉽지 않다. CJN을 비롯한 기후정의 단체들은 생태 부채ecological debt를 답으로 제시한다. 지금까지 우리는 선진국이 가장 많은 이산화탄소 누적 배출량을 보이고 있으니 선진국들이 먼저 나서야 한다는 이야기만을 해왔다. 하지만 여기에는 선진국들이 침략을 통해 얻은 토지, 자원, 노동이나 자본력을 행사해 투자라는 미명 아래 저지른 착취도 모두 포함된다.

방콕 기후정의 시위에 참가한 시민들.

각 단체나 네트워크마다 수위는 다르지만, 선진국의 역사는 다른 나라의 희생을 대가로 한 개발과 발전이었으므로 그것은 모두 부채이며, 그 부채를 통해 얻은 또 다른 소득도 부채인 것이다. 선진국들이 그 부채를 인정하고 갚아 기후변화 대응에 취약한 국가들이 기반 시설을 만들어 적응할 수 있게 하고, 에너지 전환 등을 통해 온실가스를 감축할 수 있게 해야 한다는 것이다. 하지만 이런 생태 부채를 인정하는 순간 얻을 것은 이미 오래 전에 다 얻고 잃을 것 밖에 없는 국가들이 이런 개념을 받아들일 리가 없는 것이다.

한 시간 가량의 연설이 진행될 무렵 또 다른 행진의 무리가 옆으로 지나갔다. 공교롭게도 10월 4일은 세계 해비타트의 날이어서 주거권 보장을 외치는 행진이었다. 순간 선두 차량에 붙어 있던 플래카드의 '용산 참사 해결하라'는 문구가 눈에 들어왔다. 우리는 서로 모르지만 조금은 다른 이야기로 같은 공간에서 함께 '정의'를 외치고 있었다.

인도네시아

바이오 연료와 비극의 현장

이정필

일정   2008년 5월 26일~6월 6일

장소   인도네시아 자바 섬(자카르타, 보고르), 수마트라 섬(팔렘방, 무바),
       칼리만탄 섬(폰티아낙, 카푸아스 강, 수하이드, 센타룸 국립공원)

참여   이정필(에너지정치센터), 이진우, 조보영(환경정의)

Indonesia

　하루가 멀다 하고 고유가 관련 뉴스가 쏟아지면서 석유를 비롯한 에너지 문제가 국제 사회의 핵심 이슈로 떠올랐다. 더군다나 화석연료 사용에 따라 온난화가 심각해지고 있다는 UN과 국제기구들의 보고서가 소개되면서 재생 가능 에너지에 관한 관심과 개발이 증가하고 있다. 특히 대체 에너지로 각광받는 팜 오일palm oil의 최대 생산국인 인도네시아는 대규모 팜 플랜테이션 개발로 한반도 면적만한 열대우림과 토지가 팜 경작지로 파괴되었거나 파괴되고 있는 실정이다.

　이 과정에서 토착민들은 생계를 유지하던 삶의 터전을 강제로 빼앗기게 된다. 사람들은 강제 이주당해 도시 빈민으로 전락하거나 플랜테이션에서 저임금 노동자로 착취를 당하고 있고, 대규모 열대우림과 습지 파괴로 오히려 온실가스 배출량이 빠르게 증가하는 부작용을 낳고 있다. 지구 온난화와 화석연료의 고갈, 온실가스 증가의 원인은 다국적 기업을 포함한 선진국들의 경제 활동인데도, 최근 한국을 포함한 다국적 기업들이 인도네시아에 진출하면서 이런 토지, 인권, 환경 문제들을 더욱 악화시키고 있다. 우리는 미래 연료로 각광받고 있는 팜 오일이 과연 인간과 지구에 적합한 에너지인지 아니면 또 다른 환경 파괴와 식민지 개발의 일환인지 직접 현장에서 판단하고 싶었다. 그리고 팜 오일이 실제 '나쁜 에너지'라면, 인도네시아 팜 농장 주변의 원주민들과 활동가들의 이야기를 통해 대체 에너지 개발을 명목으로 한 선진국들의 제3세계 착취 구조를 고발할 계획이었다.

　현지 조사를 위해 우리 세 사람은 약 2개월 동안 사전 조사를 했다. 1년 전 발리에서 열린 기후변화 협약 당사국 총회에도 참석했으니, 이번이 두 번째 여행이었다. 현지에서는 인도네시아 팜 오일 감시 단체인

자바 섬 보고르에 있는 사윗 워치 사무실에서 팜 플랜테이션 현지 답사 계획을 논의 중인 조보영(맨 왼쪽)과 이진우(맨 오른쪽).

사윗 워치^{Sawit Watch}(Sawit은 인도네시아어로 팜이라는 뜻이다)의 협조를 받았다. 건국 100주년을 맞이한 인도네시아 정부는 2008년을 '인도네시아 방문의 해'로 지정해 관광객 유치에 힘을 쏟고 있었다. 그러나 정작 우리가 방문한 인도네시아는 〈발리에서 생긴 일〉이 아니라 빈곤과 팜 플랜테이션의 국가로 기억될 것이다.

사라지는 섬과 기후변화

2007년 12월, 인도네시아 발리에서 열린 제13차 기후변화 협약 당사국 총회에 참석한 영국의 기후경제학자 니콜라스 스턴은 "기후변화에 따른 해수면 상승과 폭풍우에 섬 국가들이 취약하며 인도네시아가 그중에서도 가장 심한 피해를 당하게 될 것"이라고 언급했다. 비슷한 시기 반둥공과대학의 기상학자인 아르미 수산디 교수는 2080년까지 매년 해수면이 0.5센티미터씩 상승하고 저지대에 있는 수도 자카르타의 앞바다는 0.87센티미터씩 해수면이 높아질 것으로 예측했다. 이런 속도를 감안해 2080년에는 파푸아 섬의 10퍼센트, 자바와 수마트라 각각 5퍼센트 등 모두 40만 제곱킬로미터의 국토가 사라질 것으로 예측했다. 환경부 장관도 2030년에는 인도네시아 섬 가운데 2000개가 사라질 것이라고 걱정했다.

기후학자들은 해수면 상승으로 가장 큰 피해를 당하는 지역으로 인구 2억 2600만 명 중 절반 가량이 거주하는 자바 섬을 첫 손에 꼽고 있다. 주요 산업 시설과 도시 기반 시설이 파괴되고 수천만 명의 주민들이 고지대로 거주지를 옮겨야 할 것으로 보고 있다. 특히 자카르타는 2035년에 국제공항이 물에 잠기고 2080년에는 바닷가에서 10킬로미터 떨어진 대통령궁이 무릎까지 물에 잠길 것으로 예측했다. 수산디 교수는

"2050년에는 자카르타의 24퍼센트가 사라질 것이며 수도를 자카르타에서 동쪽으로 180킬로미터 떨어진 고지대 도시인 반둥으로 옮겨야 할지 모른다"는 묵시록적인 경고를 했다.

물론 이런 시나리오는 40년 뒤에나 벌어질지도 모르는 아직 확인되지 않은 예측에 불과할지 모른다. 그러나 칼리만탄 지역에 있는 1000킬로미터가 넘는 카푸아스 강의 해상 가옥에서 사는 사람들한테 이미 건기와 우기에 변화가 생겨 강 수심이 바뀌고 있다는 걱정을 들을 수 있었다. 인도네시아의 기후변화는 현재 진행형이다.

빈곤과 슬럼

현장 취재에 동행하기로 한 사윗 워치의 사무실을 찾아가는 길. 그 관문에 세계 10대 도시이자 동남아시아 최대의 도시라는 수도 자카르타가 자리잡고 있다. 자카르타는 1950년에 인구 150만 명에서 2004년에 1600만 명으로 빠르게 팽창했다. 한국으로 보자면 서울과 수도권에 해당하는 '자보타벡'Jabotabtek'(자카르타, 보고르, 탕게랑, 베카시의 첫 음절을 따서 부름)은 시골과 도시 혼종화가 심화된 형태를 띠는 '광역 메트로폴리스 지역'이다.

이런 외형과 달리 인도네시아에서 받은 첫인상은 도시 슬럼의 천국이었다. 유엔 해비타트UN-HABITAT에 따르면 인도네시아는 도시 슬럼 인구가 2000만 명이 넘는데, 이 수치는 도시 인구 중 23.1퍼센트에 해당한다. 자카르타 인구의 4분의 1은 가난한 캄풍Kampung(촌락·군락) 주민이다. 캄풍은 대도시 구석구석에 자리잡고 있고 공장과 외곽 도로 등 유해지와 구분 없이 넓게 퍼져 있다.

도시 빈민이 겪는 아픔은 단지 열악한 주거 환경만은 아니다. 한 조사에 따르면, 2001년에서 2003년 사이에 자카르타에서 퇴거된 주민이 50만 명이나 된다고 한다. 한국의 경우처럼 대규모 슬럼 철거는 행상과 비공식 노동자를 대상으로 하는 억압과 동시에 진행된다. 32년간의 수하르토 독재 정권 아래에서 악명을 떨친 수티요소^{Sutiyoso} 장군은 자카르타의 주지사를 지냈는데, 2001년 이후 행상, 거리 악사, 노숙자, 삼륜 택시는 물론 비공식 캄퐁까지 없애는 것을 목표로 삼았다고 한다. 대기업과 개발 업자들의 도시계획 아래 5만 명 이상의 슬럼 주민을 쫓아냈고, 3만 명 이상의 삼륜 택시 운전사의 직업을 빼앗고, 2만 개 이상의 노점을 부수고, 수백 명의 거리 악사를 체포했다.

　결과적으로 인도네시아 도시 주민의 절반 이상이 비공식 부문 또는 지하 경제에서 생계를 연명한다. 특히 도시 미성년 노동에서 가장 큰 비중을 차지하고 있는 게 가사 부문이다. 자카르타의 경우 세 가구 중 한 가구가 14세 미만 청소년을 가정부로 두고 있다. 자보타벡은 그렇게 탄생한 거대한 괴물이다.

　도시 슬럼은 오염과 동시에 진행되기 마련이다. 인도네시아의 전체 차량은 1995년에 1200만 대, 2001년에 2100만 대를 기록했다. 특히 대도시의 경우 교통 체계가 발달하지 않아 교통 체증이 상상을 초월하는데, 무더운 공기에 섞인 지독한 매연으로 숨쉬기가 힘들 정도다. 또한 쓰레기로 뒤덮힌 도시의 공터와 도로 주변은 악취가 진동하는데, 자카르타의 평균 쓰레기 수거율이 60퍼센트에 불과하다고 하니 그럴 만도 하겠다.

　그렇다면 도시를 벗어나 열대우림에 사는 농촌 사람들은 어떨까. 자카르타와 서부 자바를 포함해 네 곳을 제외하고는 도시보다 농촌에 사는 인구가 많다고 한다. 그런데 수마트라와 칼리만탄 지역을 가 본

자카르타 독립기념탑에서 본 시내 전경. 심각한 대기오염 탓인지 온통 뿌옇다.

결과, 절대 다수가 플랜테이션이 지배하는 농촌에서 힘겹게 살아가고 있었다. 인도네시아 민중 대다수는 도시와 농촌 어디에서도 정착하지 못하고 있다. 슬럼이 포화 상태가 돼 도시 주변으로 이주하기 힘들뿐더러 과거 강력한 도시 퇴거 정책과 팜 플랜테이션 이주 정책의 영향으로 농촌에 거주하거나 섬과 섬 사이를, 농촌과 농촌 사이를 유령처럼 배회하고 있다.

동남아시아와 플랜테이션

기후변화와 (초)고유가 시대에 접어들면서 재생 가능 에너지로 각광받고 있는 바이오 연료의 인기는 2007년부터 국제 사회에 여러 부작용이 소개되면서 조금 주춤하고 있다. 전통적으로 바이오에탄올은 옥수수의 미국, 사탕수수의 브라질, 바이오디젤은 유채의 유럽으로 생산과 소비 시장이 형성됐다. 대량 생산이 가능한 팜 오일은 동남아시아 지역이 담당해왔다. 동남아시아는 팜 생산에 적합한 기후, 값싼 노동력과 임대료, 정부의 법적·재정적 지원 계획으로 팜 개발에 매력적인 곳으로 알려져 있다. 말레이시아는 2006년까지 팜 오일 생산량의 45퍼센트(바이오디젤의 10퍼센트)를 차지해 최대 생산국의 자리를 지켰지만, 2007년부터는 인도네시아에 추월당했다. 두 나라의 생산량을 합치면 세계 팜 오일 생산의 90퍼센트 정도이며, 이것은 바이오디젤의 20퍼센트 정도 되는 수치다.

여기에는 그럴 만한 사정이 있다. 말레이시아에서는 바이오디젤 사업에 대한 투자가 과열 양상을 띠면서 2006년부터 신규 바이오디젤 공장의 허가를 중단했다. 팜 오일 식료품 시장을 훼손할 뿐만 아니라 가격을 급상승시킴으로써 산업용 팜 오일 공급에까지 영향을 미친다는 판단에 따른 것이다(물론 2006년 이전에 시작한 개발은 계속 진행하고 있다).

사실 동남아시아의 플랜테이션은 장구한 역사를 갖고 있다. 19세기 후반에는 아시아뿐만 아니라 아프리카, 라틴아메리카의 생계형 전통 농업이 세계 시장에 엄청난 규모로 편입되었고, 수백만 명의 농민이 굶어 죽고 수천만 명의 농민이 고향을 떠났다. 향신료, 고무, 차, 커피, 카카오, 사탕수수, 담배 등 식민주의 플랜테이션의 '반半프롤레타리화'는 반半농민과 농업 노동자를 대규모로 양산했다. 이 사람들은 농촌과 도시에서 미숙련·저임금의 노동 조건에서 힘겹게 살아왔다. 비공식 경제에 종사하는 절대 다수는 전통적인 (재)생산 형태가 붕괴되는 역사적 경험을 온몸으로 체험했다.

인도네시아 역시 식민 지배국과 세계 시장의 선호에 따라 플랜테이션에 변화를 주면서 흥망성쇠를 거듭해왔다. 산업화 단계에서 인도네시아는 전통적으로 자국의 풍부한 산림 자원과 광물 자원을 수출하는 1차 상품 수출국이었다. 그러나 2004년 이후 석유 수출국에서 순수입국

농장 노동자의 도움으로 2~3년생 팜 플랜테이션에 들어갈 수 있었다.

으로 위상이 변하면서 동남아시아 유일의 석유수출국기구^{OPEC} 회원국의 지위를 상실했다. 일차적으로 이런 경제적 상황 인식에서 인도네시아 정부는 또 다른 '유전'인 팜 오일 확대 정책을 실시하고 있는 것이다. 그러나 인도네시아 정부는 말레이시아의 시행착오에서 교훈을 얻기보다 오히려 절호의 기회로 삼아 꾸준히 팜 오일 확대 정책을 추진하고 있다.

현재의 팜은 플랜테이션 역사의 현재성을 나타낸다. 차이가 있다면 고무, 커피, 담배가 팜으로, 구식민주의에서 신자유주의의 지구화로 구조가 바뀐 것 정도일 것이다. 과거의 경험처럼 농촌 주민과 원주민은 전통적으로 점유하고 생활하던 땅의 소유권과 사용권을 상실했다. 남겨진 것은 미숙련·저임금 노동자로 전락해야 하는 반복되는 비극이다.

팜 오일 플랜테이션의 천국 인도네시아

팜 오일 소비는 세계적으로 지난 150년 동안 꾸준히 증가했다.

서유럽이 주요 수요처였는데, 지금도 세계 식용 기름의 40퍼센트를 소비하는 등 여전히 인기 있는 상품이다. 팜 오일은 식용 기름 말고도 아이스크림, 마가린, 세제, 비누, 샴푸, 립스틱, 왁스, 양초, 화학제품 등 다양한 상품에 사용된다. 여러 상품에 사용되는 만큼 팜 오일을 취급하는 기업도 많다. 유니레버, 카길, 에이디엠, 골든 호프, 시나르 마스, 피앤지, 크래프트 푸드, 네슬레, 맥케인 푸드, 피자헛, 버거킹, 캐드베리 스윕스, 다니스코가 대표적이다.

1990년대부터 유럽(26퍼센트)뿐만 아니라 인도(24퍼센트), 중국(10퍼센트), 동유럽 등 새로운 소비 시장이 등장해, 2020년까지 매년 4퍼센트 성장해 지금보다 두 배의 수요를 형성할 것이라고 하니, 바이오디젤로 이용되는 팜 오일을 찾는 수요까지 합치면 상품 가치는 충분하겠다.

인도네시아 팜 경작지 면적은 1968년에 12만 헥타르, 1978년 25만 헥타르, 1998년 300만 헥타르, 2004년 410만 헥타르, 2005년에는 600만 헥타르로 확장됐다. 2005년 기준으로 팜 경작에 200만 명 가량이 종사하고 있으며, 1090만 톤 정도의 팜 오일을 생산해 그중 75퍼센트(20억 달러)를 수출하고 있다.

유도요노 대통령은 2005년에 인도네시아가 세계 최대의 팜 플랜테이션 국가로 성장할 것을 발표했다. 특히 2006년에는 바이오 에너지 산업 육성을 통한 '성장, 고용, 빈민 구제 달성'이라는 기본 계획을 수립했다. '로사리 결의안Losari Concept'으로 불리는 기본 계획은 고용 없는 성장(2005년 경제 성장률 5.6퍼센트, 실업률 10.8퍼센트)과 고유가로 빈민 구제를 위한 정부 재정이 경직적이어서, 바이오 에너지 산업의 육성을 통해 문제를 해결하겠다는 의지를 표명한 것이다. 신규 일자리 창출 360만 명, 빈민 감축 16퍼센트, 수입 석유 감축 49억 6000만 달러 등의 정책 목표가

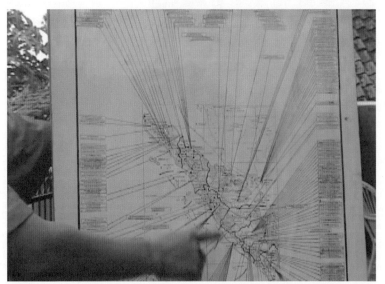

수마트라 섬에 있는 팜 플랜테이션 지도. 인도네시아 국내외 기업들은 이미 많은 곳을 개발했다.

인도네시아 정부의 기름값 인상에 반대하는 환경단체의 플래카드.

한 농민이 방금 수확한 바이오디젤 연료인 팜 열매를 들고 있다.

그것이다. 수출뿐만 아니라 국내에서도 재생 에너지를 사용하겠다는 명분도 내세웠다. 이런 계획 아래 2010년까지 팜, 카사바, 사탕수수, 자트로파 네 종류의 플랜테이션으로 다각화할 생각이었다.

그런데 우리와 동행한 사윗 워치 활동가인 제프리는 이런 상황을 심각하게 걱정한다. 플랜테이션 확장 계획이 실제로 실행될 것으로 생각하지만, 플랜테이션 확대는 기업 이윤만 보장할 뿐 농촌 주민과 원주민의 삶의 터전을 송두리째 빼앗고 있는 지금 상황이 더욱 악화될 것이라고 주장한다. 약 2000만 헥타르면 한반도 전체 면적에 해당하는 광활한 영토다. NGO 활동가들과 농촌 주민들이 염려할 만한 수준을 이미 넘어선 것이다.

우리가 인도네시아에 있는 동안에도 유가 인상에 반대하는 시위가 끊이지 않았다. 바이오 연료 생산 1위 국가에서 이런 일이 벌어지다니. 시위자들이 주장하는 것처럼, 땅 속이든 땅 위든 아무리 많은 자원이 있다고 해도 대기업의 이윤만 보장하는 시스템이 문제인 것이다.

유령처럼
살아가는 사람들

플랜테이션 개발로 농촌 주민과 원주민의 삶의 터전이 아예 사라지고 있는 형편인데, 상황은 점점 더 나빠지고 있다. 이런 이유로 열대우림 근처에서 살고 있는 현지 주민들은 플랜테이션이 확대되는 현실을 심각하게 염려하고 있었다. 현지에서 만난 원주민들은 "우리 땅은 애초에 조상에게서 물려받은 것이다. 우리의 유산이다. 문제는 회사가 우리의 동의 없이 거기에 있는 것이다"라고 절규했다. 현재도 주민들은 자신의 권리를 되찾기 위해 처절히 몸부림치고 있다.

2008년 5월 29일, 우리는 수마트라 팔렘방에 있는 왈리^{Walhi}(인도네시아 지구의 벗) 사무실에서 팜 플렌테이션 반대 활동으로 수배 중인 한 할아버지를 만날 수 있었다. 처지가 처지인지라 자유롭게 돌아다니지 못하고 환경단체에서 숙식을 해결할 수밖에 없다고 한다.

할아버지는 아내와 자식들과 함께 사는 평범한 농부였다고 한다. 그런데 어느 날 정부는 땅을 수용해서 팜 플렌테이션을 만들 것이니 무조건 떠나라고 통보했다. 할아버지에게는 어떤 권리도 인정되지 않았고, 이주 대책 같은 이야기는 입 밖으로 꺼내지도 못했다. 억울한 주변 사람들이 힘을 모아 정부에 항의하기 시작했다고 한다. 하지만 정부는 이주

자기 땅에서 쫓겨나 도망자 신세가 된 할아버지가
지난 10년 세월을 돌아본다.

도 돈도 원하지 않으니 그냥 농사만 지을 수 있게 해달라는 사람들을 하나둘 잡아 가뒀고, 잡혀간 사람들은 죽거나 아직도 갇혀 있다고 했다. 할아버지는 수배자가 되어 도망쳤고, 그 하루가 모여 10년이 다 됐다고 했다. 이제는 지쳐서 그냥 아내와 자식 손자 얼굴 한번 보는 것이 소원이지만, 도망친 뒤로 가족들하고 연락이 전혀 되지 않고 있다고 했다. 모질고 단단하게 견뎌온 10년, 할아버지의 얼굴에는 가족을 향한 그리움이 역력했다.

원주민들과 기업들이 충돌한 이유가 있다. 인도네시아에는 정부가 국토 전체를 관리하지 못할 정도로 열대우림 지역이 광활하다. 땅은 대부분 지역 사회와 원주민의 관습법에 따라 자율적으로 관리되고 거래됐다. 땅에 관한 관습적 권리는 헌법에서 인정하는 권리지만, 다른 법률과 규제 때문에 보호받지 못하고 있다. 땅과 숲이 정부를 통해 플랜테이션 기업 등 제3자에게 이전되면, 관습적 권리는 무시되고 광활한 열대우림은 파괴되고 마는 것이다.

5월 30일, 팔렘방에서 다섯 시간 동안 야간 이동해 무바라는 농촌 마을에 도착했다. 칠흑 같은 밤, 창밖으로 보이는 거대한 숲은 돌아오는 길에 보니 모두 팜 나무였다. 무바 이장님은 새벽 한시에 도착한 우리를 반기며 잠자리까지 마련해 주었다. 집 근처에는 바이오 연료의 원료가 가득한데도 동네에는 전기가 들어오지 않아 암흑 천지였다. 다음 날 아침 이장님은 토지 소유권을 보장해달라는 소송장을 보여주며 자신들의 억울한 사연을 호소했다. 이런 처지를 바깥 세상에 꼭 좀 알려달라

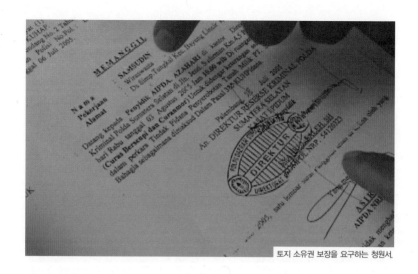

토지 소유권 보장을 요구하는 청원서.

고 정중히 부탁하는 것도 잊지 않았다.

그날 오후, 팜 플랜테이션을 견학(?)하기 위해 비포장도로를 달렸다. 가는 길에는 오직 한 가지 나무만 보였다. 바로 팜 나무였다. 이미 기업의 사유지가 된 곳에는 곳곳에 출입금지 팻말이 있었는데, 촬영을 하는 우리에게 제프리가 조심히 찍으라고 한다. 순찰 도는 경비에게 걸리면 큰일 난다는 것이다. 이곳에서 팜 나무는 바로 모순과 갈등의 현장인 것이다.

부패한 권력과 결탁해 확장되는 팜 플랜테이션

수하르토 독재 정권은 1970년대부터 세계은행, 유럽과 아시아개발은행의 지원을 받아 팜 오일 플랜테이션을 확대해왔다. 정부 관료들은 개발지로 선정된 지역에 토지에 관한 권리를 포기하라고 협박하거나 수익성을 과장해서 회유했다. 그 대가로 주민들은 개인 경작지에 해당하는 아주 일부만 할당받았다.

정부는 노른자위 땅에 해당하는 핵심 사유지inti 몇 만에서 몇 십만 헥타르를 기업과 기관의 소유로 인정하고, 상태가 좋지 않은 주변부의 소경작지plasma 2헥타르를 해당 농부들에게 할당했다. 소경작지는 토양이 좋지 않아 핵심 사유지에 견줘 수확량이 절반 정도밖에 되지 않고, 외진 곳에 있거나 도로도 없어 수확물을 운반하기도 어렵다. 그런데 정부의 이주 정책, 즉 자바 등 인구가 많은 지역 농부들을 인구가 적은 지역으로 이주시킨 정부 프로그램에 참여한 이주민들이 있으면 2헥타르의 일부도 빼앗긴다.

반면 수하르토 정권 이후 퇴역한 장교들은 주 정부와 의회, 정당에 자리를 잡았는데, 이 사람들이 '지역 마피아'를 형성했다. 그리고 1970년대 오일 붐 기간 동안 지방 정부로 들어온 중앙의 다양한 발전 기금을 활용해 플랜테이션, 벌목, 건설 기업가로 변신했다. 게다가 청년 조직이나 다른 기관과 관련된 '준 공무권 또는 준 군조직'에 속하는 갱단인 쁘레멘premen이 출현해 각종 사업에 불법 개입하고 주민들의 저항을 억압하는 구실을 했다.

이런 폭력 정치와 금권 정치의 유산은 플랜테이션에 진출한 외국 자본과 결합해 강력한 플랜테이션 동맹 체제를 구축해왔다. 실제로 1990년대 후반부터는 국가의 직간접적 개입이나 운영 형태가 사유화되고 있는데, 외국 기업의 직접 투자나 합작 투자의 형태를 띠면서 점차 사적 부분으로 넘어갔다.

농촌에서 살던 사람들은 강력한 도시 퇴거 정책 때문에 도시 빈민으로 살아갈 수도 없다. 플랜테이션이 들어선 뒤에는 전통적으로 점유하던 자신들의 땅을 잃고 빈농이 되거나 미숙련, 저임금 노동자로 살고, 섬과 섬 사이 또는 농촌과 농촌 사이를 배회할 수밖에 없는 형편이 된다.

팜 플랜테이션을 지나며 쉽게 눈에 띄는 출입금지 팻말.

끼니도 잇기 어려운 소농의 삶

2헥타르의 땅으로 살아가야 하는 빈농들 또한 비참한 삶을 살아 간다. 기업과 기관 소유의 플랜테이션들은 건설비를 마련하기 위해 가장 싼 상업 융자로 대출을 받아 일부만 갚고, 강제로 모집된 빈농들에게 당 연한 듯 일부 비용을 전가한다. 그리고 토지 임차 기간이 끝나더라도 지 역 사회가 믿던 것처럼 땅이 농민 소유로 다시 돌아오지는 않는다.

소농의 삶은 대기업의 규모의 경제와 비교하면 자립을 할 수 없 을 정도로 대단히 영세하다. 배수 시설과 축대를 설치할 수도 없고, 팜 모종 역시 기업에 많은 비용을 지불하고 사야 한다. 팜 열매는 48시간 안에 공장으로 운송해 공정에 들어가지 않으면 질이 급격히 떨어져 등급 이 낮아진다. 그런데 소농들은 자체 운송할 교통수단도 없어, 강제로 배 치되는 협동조합KUD과 기업에 의존할 수밖에 없다. 또한 팜 오일 제조 공 장은 대규모 투자가 필요해 엄두도 못 낸다. 팜 오일 생산지가 4000헥타 르가 안 되면 경제성이 없을뿐더러, 법에 따라 공장을 지을 수도 없다.

빈농들을 더욱 무력하게 만드는 것은, 관리가 부실해 비에 쓸려 나간 도로를 뚫고 어렵게 공장으로 열매를 가져가도 핵심 사유지에서 온 열매를 우선 접수한다는 사실이다. 트럭을 길게 세워놓고 추가 비용을 징수하고 별도의 뇌물도 내야 한다. 한 달에 두 번 수확을 하니 열매를 수확하고 운반하는 전쟁을 한 달에 두 번씩 치러야 하는 셈이다.

결정적으로 소농들이 핵심 사유지의 기업이나 기관과 직접 계약하지 않았더라도, 그 기업과 기관에 자신이 수확한 열매를 팔아야 하는 의무가 부과된다. 더 좋은 거래 상대를 찾는 것 자체가 허용되지 않는다. 또한 열매 가격은 시장에서 결정되지 않고, 대토지와 공장 대표자들이 주도하는 위원회에서 결정돼 헐값에 열매를 넘겨야 한다. 이 과정에서도 소농들은 직접 참여할 수도 없고, 어떤 대표성도 인정받지 못하고 있다.

협동조합마저 기업과 기관의 이익을 대변한다. 공장 입구에서 어렵사리 납품하면, 간이 영수증을 받고 나중에 협동조합을 통해 평균 2헥타르에서 500달러(약 60만 원)를 받는다고 한다. 그러나 협동조합 운영비와 화물차 운송비, 선적비, 운전기사 사례금, 안전 비용 그리고 줄 세워서 받는 대기 비용에다 저축도 공제한다. 공제가 너무 많아 농부들은 '비밀 세금'이라고 부른다.

그것도 모자라 열매 가격으로 킬로그램당 500루피(약 60원) 중 30퍼센트가 빚 갚는 데 쓰이니, 빚을 갚는 데만 18년이 걸릴 정도다. 2헥타르로는 생계 유지도 힘들어 농장 밖에서 따로 노동을 하거나 다른 토지에서 일해 보충해야 한다. 일자리가 없어 쌀 살 돈이 모자라면 집 주변의 신콩(고구마의 일종)을 캐 끼니를 해결하고 있다. 수마트라의 무바에 있는 거대 플랜테이션 근처 집에서 살고 있는 소농 가족을 방문했다. 가장은 우리에게 신콩을 보여주면서 자신들의 빈곤한 삶을 설명했다.

신콩을 보여주는 소농 가족의 가장.

무엇보다도 팜 열매는 재배를 시작한 뒤 3~5년이 지나야 비로소 생산되고 8년 뒤에야 이익이 남기 때문에, 농민들은 8년이라는 세월을 견뎌야 한다. 심은 지 25년 뒤에는 대부분 열매 생산이 불가능하고, 너무 길게 자라 수확할 수 없게 된다. 그러면 벌목하거나 고사시켜 다시 심어야 한다. 저축한 돈이 부족한 대다수 농부들은 개간과 모종 비용을 충당하기 위해 새로 대출을 받아야 한다. 그리고 열매 수확 전 3~5년까지 생존해야 한다. 농부들은 도저히 빚의 굴레를 벗어날 수가 없다.

열대우림이 사라지고 물 부족에 시달리다

우리가 인도네시아에서 본 것은 선진국의 다국적 기업이 운영하는 거대한 팜 플랜테이션과 그것으로 피해를 받고 있는 농부, 어부 그리고 저임금으로 노역을 하는 노동자였다. "나는 다른 건 몰라요. 예전부터 물고기를 잡고, 숲에서 열매를 따는 게 내가 아는 삶의 전부예요. 그런데 어느 날부터 물에서 이상한 냄새가 나더니 물도 더 탁해졌어요. 분명 우리가 뭔가를 잘못한 거예요." 열대우림 한가운데 몇백 년 동안 조상들의 삶을 이어오며 살고 있는 원주민들은 강 상류의 팜 농장 때문에 일어난 모든 환경의 변화를 자기 탓으로 돌리고 있었다.

제프리가 씁쓸한 표정으로 우리에게 말을 건넸다. "봤죠? 전체는 아니겠지만 대부분의 원주민들은 정말 순진합니다. 무언가 잘못되면 다 자기 탓을 하거든요. 그게 너무 속상해요. 나는 저런 순진한 사람들을 볼 때마다, 인도네시아를 생각할 때마다, 참 불쌍한 나라라는 생각이 들어요. 350년이라는 긴 세월을 다른 나라의 식민지로 살아왔는데, 독립을 한 지금도 여전히 착취의 역사 속에 살고 있어요. 외국의 다국적 기업들이 돈이라는 미끼로 정부를 매수하고, 저 순진한 사람들을 이용하고 있는 겁니다."

인도네시아 열대우림은 지구를 지탱해주는 허파와 같다. 그러나 현재 인도네시아는 어느 나라보다 기후변화에 취약한 상황이다. 이 사실은 인도네시아에 팜 농장을 만들고 확대하고 있는 선진국이 더 잘 알 것이다. 그런데도 왜 지구의 허파를 도려내고, 제3세계 사람들에게 막대한 피해를 입히면서까지 미련을 버리지 못하는 것일까?

얼마나 많은 열대우림이 플랜테이션 개발로 사라질 것인가. 지금은 수마트라(440만 헥타르)와 킬리만탄(160만 헥타르)이 오일 팜의 중심에 있다. 사윗 워치는 수마트라 784만 헥타르, 칼리만탄 750만 헥타르, 술라웨시 150만 헥타르, 파푸아 300만 헥타르 등 모두 1984만 헥타르의 국유지가 지방 정부의 플랜테이션 개발 계획에 포함되어 있다는 사실을 밝혀냈다. 결국 한반도만한 면적의 열대우림이 벌목되거나 불타 없어지게 된다.

팜 플랜테이션을 더 확장하려고 산림을 파괴하고, 열대우림 지역의 원주민에게 돈을 주고 방화를 조장해 '버려진 땅'을 만들기도 한다.

결국 인도네시아는 20년 사이에 산림 파괴 1위라는 불명예를 얻게 됐고, 산림 파괴로 지구 온난화가 빨라졌다는 이유로 국제적 비난을 받게 됐다. 2007년 UN은 인도네시아의 열대우림이 이전에 알려진 것보다 30퍼센트나 빠르게 파괴되고 있다고 경고했다. 온실가스 배출 계산에 산림 자원, 특히 이탄지peat land의 벌채와 개간으로 발생하는 온실가스를 포함하면 인도네시아는 중국, 미국 다음으로 세계 3위의 온실가스 다배출 국가다(브라질은 이런 이유로 4위에 해당한다).

인도네시아는 자연적으로 물 공급이 풍부한 곳이다. 그러나 팜 플랜테이션 때문에 사람들은 물 부족에 시달리고 있다. 공장이 들어서기 전에는 강에 물이 넘치고 수심도 깊어서 건기에도 작은 물줄기를 찾을 수 있었지만, 지금은 강줄기가 아주 좁아지고 거의 말라버렸다. 숲은 흙에 있는 물을 머금어 물이 빨리 빠져나가는 것을 막아준다. 그러나 지금은 우기에는 홍수가, 건기에는 가뭄이 찾아온다. 특히 팜 오일 플랜테이션에 물을 대기 위해 도랑을 트면서 물 부족은 더욱 심해졌다.

또한 플랜테이션 공장에서 사용된 산업 용수가 그대로 흘러들어 강을 오염시킨다. 공장에서는 우기 때 자정을 기다렸다가 오염된 물을 쏟아붓는다. 강에 있는 돌들이 오염 물질로 뒤덮이고, 주변 동식물이 죽어갔으며, 결국 이 물은 식수는커녕 씻을 물로 쓸 수도 없게 됐다.

6월 1일에서 2일, 자카르타에서 보르네오로 알려진 칼리만탄의 수하이드 마을로 가는 길은 육해공으로 24시간을 쉬지 않고 달려야 할 만큼 멀었다. 어쩌면 여행은 목적지에 가는 것이 전부가 아니라, 그 길의 여정을 경험하는 과정일지 모른다.

수하이드 마을 수상 가옥은 길이 1140킬로미터의 카푸아스 강에 있다. 끝이 보이지 않는 길을 보트로 가다보면 국립공원으로 지정된 센

수하이드 마을 근처의 벌목 현장.　　　　　　　　카푸아스 강에서 낚시 중인 어부들.

타룸이 있다. 카푸아스 강에서는 팜 플랜테이션을 쉽게 볼 수 있고, 새로 플랜테이션을 만들기 위해 열대우림을 벌목하고 도로를 만드는 공사 현장을 목격할 수 있다. 보트를 잠시 세우고 올라가 살펴보니 짐작하기 어려울 정도의 열대우림이 사라지고 없었다. 거대한 궤도 자국만 선명하게 남아 있었다. 아직 벌목이 끝나지 않았다는 말을 들으니 더욱 숨이 막혀왔다.

　　수하이드 마을 이장님과 어부들은 우리의 인터뷰 요청에 흔쾌히 응했다. 사람들은 팜 플랜테이션에서 쓰는 농약과 화학비료가 아무런 정화 과정 없이 강으로 흘러들어 강물이 오염되고 있다고 걱정한다. 이 마을은 주로 물고기를 잡아 생계를 유지하는데 팜이 생계를 위협하고 있는 셈이다. 가끔 기형이 된 물고기가 잡히기까지 한다니 어부들의 걱정은 이만저만 아니다. 또한 웬일인지 건기와 우기에 변화가 생겨서 강 수심이 바뀌고 있다고 한다. 이 마을 역시 기후변화의 최전선에 서 있는 것이다.

야간 버스를 타고 열 시간을 달려 도착한 경유지인 신탕의 음식점.
가운데 있는 사람이 우리의 가이드인 사윗 워치의 제프리.

자신의 터전을 지키고
싶어하는 평범한 마을 주민.

바다라고 느껴질 정도로 끝이 보이지 않는 센타룸 국립공원에서
터를 잡고 벌꿀 채집으로 살아가는 마을 사람들 역시 외부에서 침입한
플랜테이션 때문에 꿀벌이 줄어든다고 걱정하면서도 뾰족한 대책이 없
다고 한숨을 쉰다. 바로 옆 초등학교에서 수업 중인 아이들이 해맑은 표
정을 잃지 않기를 바라면서, 우리가 할 수 있는 일은 벌꿀 한 통을 웃돈
을 주고 사는 것뿐이었다.

수하이드 마을로 돌아오는 길. 보트가 물속에 잠긴 나무에 걸려
잠시 멈췄다. 보트를 조정하던 아저씨가 주저 없이 물속으로 들어가서
나무를 제거했다. 더워서 그런지 아니면 우리를 의식한 것인지 모르지만,
해맑은 표정으로 물장구를 치면서 큰 소리쳤다. "우리는 팜 플랜테이션
을 반대한다. 우리의 숲과 강을 지키겠다."

희망이 없는 삶이란

팜 플랜테이션 노동자 조와 리마, 사윗 워치 활동가 치차

농약으로 한쪽 눈을 잃은 팜 플랜테이션 노동자 조.

2008년 6월 5일, 자바 섬 보고르에 있는 사윗 워치 사무실에서는 팜 농장 여성 노동자들이 모임을 하고 있었다. 전국 각지에서 모인 여성들은 자신들이 놓인 상황을 이야기하고, 시민단체와 연계해 팜 농장의 문제점을 알리기 위해 논의 중이었다. 이 사람들은 어떤 사연을 안고 바쁜 일손을 제쳐둔 채 모여든 걸까.

팜 농장에서 살아가는 삶에 관해 얘기해달라.

난 오래 전에 이혼했어요. 열여덟 살인 큰아이가 일을 한다고 하지만, 네 명의 아이들 모두 내게 의존하고 살아요. 그래서 난 아파서도 안 되고, 다쳐서 병원비가 들어도 안돼요. 그런데 이미 한쪽 눈은 제 구실을 하지 못하고 있고, 등은 무거운 농약 살포기를 견디지 못해 혹이 나기 시작했어요. 매일 하던 기침에 이제는 피까지 섞여 나오고 있구요. 이러다 정말 아이들에게 아무것도 해줄 수 없게 되는 건 아닐지 걱정이에요.

'조'라고 자신을 소개한 중년 여성은 밝은 표정을 지으며 자기 이야기를 시작했다. 하지만 한쪽 눈은 인터뷰를 하는 내내 허공을 보고 있었다. 팜 농장에서 오랫동안 일하면서 제초제처럼 독성이 강한 농약에 중독돼 시력을 잃은 것이다.

팜 농장이 들어선 뒤 일어난 가장 큰 변화는 무엇인가.

나는 이제 내가 농사를 짓던 땅에서, 이런 노역을 하는 노동자가 됐어요. 문제는 아이들을 교육할 돈을 모을 수가 없었다는 거예요. 이미 학교를 다니고 있는 두 아이의 학비가 3개월째 밀렸어요. 곧 학교를 그만둬야 할 거예요.

사윗 워치의 활동가 '치차'는 이런 비참한 상황이 조에게만 일어난 것은 아니라고 설명했다.

농약 때문에 팜 농장에서 일하는 노동자들의 건강에 계속 문제가 발생하고 있고, 관련된 보고가 잇따라 나오고 있어요. 상황이 더욱 악화되고 있다고 느끼게 되는 이유는, 팜 농장 노동자의 자녀들이 가난 때문에 교육을 제대로 받지 못하고 아이들까지 다시 팜 농장의 노동자로 전락하면서, 가난에서 헤어나올 수 없는 악순환의 고리가 형성됐기 때문이에요. 조의 큰아들은 열다섯 살이 될 무렵부터 어머니를 도와 팜 농장에서 일했다고 해요. 그때는 떨어진 열매를 주워 모으는 일을 했고, 열여덟이 된 지금은 어머니하고 똑같이 농약을 치는 일을 하고 있어요.

수마트라 북부의 팜 농장에서 온 '리마'의 증언이 이어졌다.

난 집안일만 하던 가정주부였어요. 그런데 남편이 일하던 목재 공장 주변이 모두 팜 농장으로 변해버렸어요. 남편이 먼저 팜 농장에서 일하기 시작했죠. 그런데 이제는 남편이 벌어오는 것만으로 살림을 꾸려 갈 수가 없었어요. 그래서 저도 팜 농장에서 일하기 시작했죠. 그렇지만 살림은 나아지지 않았어요.

정부나 기업이 어떻게 해주었으면 좋겠나.
아무것도 없어요.

리마의 짧은 답변에 치차가 거든다.

리마는 이제 바라는 게 없어요. 이미 자기 삶에 희망이 없다고 생각하거든요. 처음 이 모임에 오는 많은 여성 노동자들은 리마하고 똑같이 말해요 더는 삶에 희망이 없다고요. 리마가 하루에 받는 일당은 2만 7600루피, 한국 돈으로 약 3100원에 해당하는 적은 돈이에요. 거기에 농장까지

가는 교통비 4000루피를 빼고, 일하면서 쓸 농약 살포기나 장갑까지 자기 돈으로 사고 나면 정말 적은 돈이 남아요. 하지만 다른 선택을 할 수 없기에, 남편과 열일곱 살이 된 아들은 리마하고 똑같은 돈을 받고 팜 농장에서 일하고 있고, 모두 농약을 살포하거나 제초제를 뿌리고 잡초를 뽑는 일을 하고 있어요.

여성 노동자들 담당이라고 들었는데, 치차 씨는 어떻게, 무얼 해주고 싶은가.
(잠시 천장을 보며 눈물을 꾹 참고 나서야 말을 잇는다.) 내가 무엇을 할 수 있을까요? 난 신이 아니예요. 뭐든 하고 싶지만 해줄 수 있는 것이 많지 않아요. 그게 너무 속상해요. 난 그저 저분들이 웃는 모습을 보고 싶어요. 할 수 있는 일이 뭔지 모르지만, 그저 내가 저이들의 삶을 바꿀 수 있게 도와줬으면 좋겠어요.

통역을 도와주는 사윗 워치의 활동가 치차.

새로운 식민주의, 도래하다

선진국들은 1990년대 후반부터 기후변화에 책임을 져야 한다는 국제 사회의 압력이 높아지자 화석 에너지의 한계를 극복할 수 있는 재생 가능 에너지를 연구하는 데 적극적으로 투자하기 시작했다. 그 결과 뛰어난 재생 가능 에너지 기술을 갖게 됐고, 온실가스 감축량 면에서도 어느 정도 희망적인 결과를 내놓았다. 특히 수송 분야에서는 화석연료를 바이오 에너지로 전환하면서 눈에 띄는 성과를 냈다.

분명 수송 분야에서 화석연료를 사용하는 것은 문제가 많고, 바이오 에너지가 그 대안으로 여겨지는 것도 사실이다. 하지만 과연 이 바이오 에너지가 '어디서' 생산되느냐 하는 것 역시 큰 문제다. 바이오디젤의 경우, 아무리 유럽 국가들이 자국에 대규모로 유채를 심어 대체한다고 하지만 유럽에서 재배되는 유채만으로는 수요를 채울 수 없다. 또한 유채는 바이오디젤의 원료로는 다른 작물보다 효율이 많이 떨어지는 작물이다. 결국 유럽은 국제 사회의 책임을 다하기 위해, 또는 자국의 더 쾌적한 환경을 위해 생산 효율이 높은 작물이 필요했다. 현재 재배되는 바이오디젤의 원료 작물 중 가장 효율이 좋은 것은 인도네시아와 말레이시아에서 많이 재배되는 팜이다.

수하이드 마을 주민과 진행한 간담회에 할머니와 함께 온 천진난만한 아이.

팜은 유채보다 다섯 배 정도 효율성이 높아 1헥타르를 기준으로 유채가 1리터를 생산한다면 팜은 5리터를 생산할 만큼 차이가 난다. 그래서 팜은 유럽에서 수송용으로 쓰이는 화석연료를 대체할 대안으로 적당한 작물이었을 것이다.

팜을 통해 산업을 만들고, 이윤을 창출하고, 에너지 전환을 달성한 선진국들 덕분에 제3세계 국가가 모든 책임을 떠안아야 하는 상황이 벌어졌다. 그러나 선진국들은 자국의 잘못을 시장의 논리로 설명하고 있다. 즉 시장경제와 자본주의 체제에서 합당한 돈을 주고 허가를 받았다면, 문제삼을 게 없다는 식이다. 이렇듯 선진국과 다국적 기업들은 시장주의와 자본주의 체제를 등에 업고, 한손에는 거대 자본을 다른 한손에는 자국의 경쟁력을 쥔 채, 제3세계에 지구 온난화라는 자신들의 과오를 전가하며, 또 다른 이윤을 안겨주는 에너지 식민지를 만들어가고 있는 것이다.

누군가의 행복이 누군가의 고통이 된다는 것은 괴로운 일이다. 선진국이 자국의 온실가스 감축량을 보면서 행복해할 때, 다국적 기업이 자신들의 수출량을 늘려가며 행복해할 때, 누군가는 하루 3달러를 받으며 살아가고, 조상 대대로 살던 땅에서 쫓겨나고, 땅을 잃어버리고, 이젠 아이들을 교육시키지도 못하는 가난의 나락으로 떨어지고 있다는 사실을, 또 다른 세상이 있다는 것을 알아야 한다.

팜 오일을 반대한다

이름만 들어도 알 만한 초국적 기업들이 주도하고 있는 팜 오일 플랜테이션. 이제 국제 NGO들은 염려의 목소리를 넘어, 팜 오일 플랜테이션이 확대되는 것을 적극 저지하고 대항하는 행동을 펼치고 있다. 팜 오일이 생산되는 현지의 관점에서 볼 때, 팜 오일은 '미래의 에너지'라는 말에 전혀 걸맞지 않게 지역 환경을 파괴하고 주민들의 인권과 건강을 심각하게 위협하고 있기 때문이다.

1970~1990년대의 수하르토 정권 아래서는 분노를 삼켰지만, 민주화 이후 주민들은 자기 땅에 관한 권리를 주장하고 있다. "우리의 땅은 애초에 우리 조상에게서 물려받은 것이다. 우리의 유산이다." 결국 팜 플랜테이션 지역은 대부분 토지 분쟁에 휩싸여 있다. 친기업적인 법과 제도가 피해 주민들을 외면하는 사이, 갈등은 증폭됐다. 41건에서 479명 고문, 14건에서 12명 사망, 21건에서 25명 납치, 77건에서 936명 체포, 25건에서 가구 파괴와 방화, 30만 헥타르 이상의 숲 파괴와 화재. 이 수치는 1998년 중반부터 2002년 초반까지 팜 오일과 관련해 벌어진 갈등만 집계한 것이다.

한편 삼성과 SK 등 한국 대기업들 역시 바이오 연료 사업에 뛰어들고 있다. 기존에는 에코에너텍과 가야에너지 같은 중소기업들이 주로 대두를 수입하거나 국내 폐식용유를 수거해 바이오디젤을 생산했다. 대기업이 최근에 보이는 행보는 이명박 정부의 해외 자원 개발에 보조를 맞춘 것이기도 하다. 대기업들은 바이오 연료를 생산하기 위해 동남아시아에 진출해 원료 기지를 확보하고 있는데, 현재 인도네시아, 라오스, 필리핀 등에 작게는 1만 헥타르, 많게는 100만 헥타르를 확보했다고 한다.

다른 한편 독일은 이미 '지속성 규정'을 제정해 동남아시아의 팜 오일을 법으로 규제하고 있다. 그린피스와 지구의 벗 등 국제 NGO들과 동남아시아 현지 주민들이 지적해온, 팜 오일 생산 과정에서 일어나는 열대우림 파괴, 동식물 멸종, 저임금 노동력 착취 문제들을 국가가 공식 인정한 것이다. 독일 정부는 '바이오디젤 인증제'를 실행해, 팜 오일을 지속 가능한 재생 에너지로 인정하지 않고 정책 지원도 하지 않기로 결정했다. 또한 이런 조치 내용들을 앞으로 EU 또는 WTO 차원으로 확대해, 통일적인 국제적 규제 방안을 마련할 방침이다.

이렇게 국제 사회에서 바이오 연료의 어두운 면을 심각하게 고려하는 상황에서, 한국 대기업들이 충분한 검토 없이 이익만을 좇아 바이오 연료 사업에 뛰어들고 있는 모습은 시대 흐름에 역행하는 것이다.

현재 대다수 소농들은 소득을 보충하기 위해 농장 밖의 일을 한다. 핵심 사유지에서 노동자로 일하고 주말에는 자신의 소경작지에서 일한다. 그리고 노동자, 행상인으로도 일을 한다. 여성들은 사유지를 통과하는 화물차 기사를 상대로 하는 성매매에 내몰린다는 이야기도 있다. 다른 원주민들은 대대로 물려받은 짜투리 땅에서 사냥, 낚시, 농사를 하면서 살아간다. 이제 농부들은 땅을 실제로 사용하고 소유하고 있다는 것을 확실히 하고 소득도 얻기 위해 고무나무로 전환하고 있다. 많은 농부들은 천연 고무가 자신의 문화에 더 적합하고 안정적인 수입을 제공한다고 생각하기 때문이다.

그러면서 지역 공동체와 시민단체들은 몇 가지 대안을 제기한다.

첫째, 급진적인 견해로, 기업을 전면 철수시키고 토지를 원상회복하자는 주장이다. 둘째, 플랜테이션의 혜택을 지역 사회 주민들에게 돌리고, 수명이 끝난 뒤에는 주민들의 판단에 맡기자는 의견이다. 셋째, 좀더 현실적인 대안으로 현재의 할당 상한제를 2헥타르에서 4헥타르 이상으로 개선하고, 노동 조건과 환경을 개선하자는 주장이다.

셋째 견해는 팜 오일 기업들과 세계자연보호기금WWF, 옥스팜, 사윗 워치 등 환경단체가 공동으로 참여한 '지속 가능한 팜 오일을 위한 라운드테이블RSPO'과 관련된다. 이 테이블의 기준과 원칙은 팜 오일이 사회적 또는 환경적으로 허용 가능한 방식으로 생산될 수 있게 설계됐다. 그러나 강제성이 없고 대다수 기업들이 불참해 실질적인 효과는 의문시된다.

진정한 미래 연료의 기준

선진국이 시도한 바이오 에너지는 분명 고무적이었다. 하지만 문제는 부작용이 크다는 것이다. 우리는 바이오 에너지 생산의 이면에 도사린 부작용이 무엇인지, 그리고 그 부작용이 약자에게만 전가되는 것은 아닌지 질문해봐야 한다.

인도네시아에서 진행된 팜 농장 확대는 인도네시아의 사회, 경제, 문화 모든 면에서 큰 변화를 가져왔다. 쌀 경작지마저 팜 농장으로 바뀌어 졸지에 일터를 잃은 농민들, 강 상류에 들어선 팜 농장에서 흘러나오는 오염 물질 때문에 병들거나 기형이 된 물고기를 잡아 올리는 어부들, 농약에 중독돼 피를 토하는 아이들, 경작지 감소로 쌀 가격이 가파르게 오르자 싼 식량을 찾아 줄을 서는 여성들, 그리고 먹고 살기 위해 온 가족이 적은 임금을 감수한 채 팜 농장에서 일하는 광경들. 이것이 지금 인도네시아의 풍경이다.

생태적으로 봐도 인도네시아는 암울하다. 산림 파괴로 이산화탄소를 가장 많이 배출한 이 나라는, 지금까지 외국의 팜 기업들에게 받은 세금보다 더 많은 돈을 이산화탄소 저감을 위해 써야 할 형편이다. 또한 해마다 멸종되는 생물 종들을 보호하기 위해 열대우림을 보존해야 하며, 여기에 막대한 돈을 쏟아부어야 한다.

모든 일에는 동전의 양면처럼 두 가지 이질적인 면이 있다고 한다. 그런데 누군가에게는 앞면만 보이고, 누군가에게는 뒷면만 보인다면 부정의한 것이다. 지금 인도네시아를 포함해 대규모 팜 농장이 들어선 지역을 보면, 대개 혜택을 받는 대상과 피해를 당하는 대상이 너무도 뚜렷이 다르게 나타난다.

현재 선진국들의 소비 수준에 맞춰 모든 국가들이 개발돼야 한다고 주장한다면, 또는 선진국들이 지금의 삶의 수준에서 조금도 뒷걸음치고 싶지 않다고 한다면, 우리는 에너지 때문에 또 한 번의 전쟁을 치르게 될지도 모른다. 소리도 없고, 피도 흐르지 않는 조용한 전쟁이 되겠지만, 착취를 당하는 나라의 국민들 다수는 비참하게 살아갈 것이다. 21세기 에너지의 문제는 더 풍요로운 삶에 관한 이야기가 아니라, 생존의 문제이며 인권의 문제다. 선진국들은 제3세계 시민들의 인권을 유린하는 행위를 그만두어야 한다.

팜 오일의 사례에서 확인할 수 있듯이 옥수수, 대두 등도 바이오 연료 생산 과정에서 나타나는 문제점이 해결되지 않는다면 무조건 미래의 연료로 인정받을 수는 없다. 기후 보호에 기여하고 지속 가능한 에너지 분야로 전환하려면 에너지의 생산-유통-소비에 이르는 전 과정에 재생 에너지에 관한 원칙과 인간을 향한 예의를 지켜야 한다. 한국 기업들

또한 석유 정점과 고유가 시대에 어울리는 친환경 산업을 원한다면, 진정 지구를 살리고 사람을 살리는 길이 무엇인지 공부해야 할 것이다.

버마
자원의 저주, 비극의 역사

이정필

일정   2009년 6월 23일~7월 7일

장소   타이 치앙마이, 매솟, 쌍크라부리, 방콕

참여   이정필, 유예지(에너지정치센터), 송지우(하버드대학교 법대 국제인권클리닉)

Burma

자원의 저주라는 말이 있다. 자원이 풍부한 국가일수록 경제 성장이 둔화되는 현상을 뜻한다. 그러나 이런 설명으로는 불충분하다. 지나치게 천연자원 채굴에 의존하는 경제로 고착되면서 균형적인 경제 발전이 어려운 상황의 이면에는 개발 이익이 정부와 소수 기업에 집중돼 정작 해당 국민들은 개발 이익에서 소외되고 별다른 혜택을 누리지 못하는 비극이 존재한다. 물론 베네수엘라와 볼리비아처럼 땅속의 화석 에너지를 국민을 위한 복지 재정으로 활용하는 국가도 있다. 그러나 중동과 아프리카의 산유국 대다수는 에너지의 저주를 겪고 있다. 에콰도르 오리엔테 지역, 나이지리아 니제르 삼각주의 오고니 지역 등에서는 피해 주민들이 에너지 기업과 정부에 맞서 끈질기게 투쟁하고 있다.

동남아시아의 대표적인 사례는 바로 버마다(군사 정권이 미얀마로 이름을 바꿨지만, 민주화를 열망하는 버마 국민들은 버마라는 국명을 사용한다). 버마는 지난날 우리가 주목한 버마 쉐Shwe(버마어로 황금이라는 뜻) 천연가스 개발 과정과 비슷한 경험을 한 적이 있다.

세계적인 에너지 기업인 토탈Total과 유노칼Unocal(2005년 셰브론이 인수)은 버마 야다나Yadana 천연가스의 파이프라인 시설 보완을 위해 군대 투입을 합의했다. 그러나 버마 군인들은 주민들에게 강제 노동, 강제 이주를 강요했으며, 폭력과 성폭력을 저질렀다. 피해 주민들은 유노칼에 손해 배상 소송을 제기했고, 2005년 3월 유노칼은 주민들과 "생활 조건, 의료 보장 그리고 교육을 개선하기 위한 프로그램을 개발하고 수송관 지역 주민의 권리를 보장하기 위한" 합의금을 지불하기로 한다. 2005년 11월 토탈 역시 피해를 받는 수송관 지역 사람들에게 보상하기 위해 250만 파운드의 연대 기금을 내기로 합의한다. 법적 소송 결과 야다나 프로

젝트가 인권과 환경을 침해한 사실이 인정됐다. 즉 개발 지역의 극심한 군사화와 해외 에너지 회사의 협력 아래 버마 군부가 저지른 체계적인 인권 침해가 확인된 것이다. 여기에는 강제 노동, 토지 몰수, 강제 이주와 마을의 파괴부터 강간, 고문 그리고 탈법적 살해 등 다양한 범죄가 포함된다.

그런데 이윤 앞에서는 비극의 역사는 반복되기 마련인가 보다. 또 다른 쉐 프로젝트가 진행되면서 야다나의 비극이 재현되고 있어 국제 사회의 염려가 커지고 있다. 특히 이번 개발 사업은 한국가스공사와 대우 인터내셔널, 두 기업이 주도하고 있는데, 우리는 한국 기업이 추진하는 에너지 개발의 문제점을 밝히고 좀더 인간적이고 친환경적인 대안을 찾아야 한다고 생각했다. 2009년 아름다운재단의 '변화의 시나리오 사업'에 이런 기획을 제출해 지원을 받게 됐다. '정의로운 에너지 프로젝트JEP, Just Energy Project'가 그것이다.

정의로운 아시아 에너지 사업은 국제민주연대, 하버드대학교 법대 국제인권클리닉, 국제지구권리ERI, EarthRights International, 쉐 가스 대항 운동Shwe Gas Movement의 협조와 지원이 없었다면 불가능했을 것이다. 특히 이정필, 송지우, 유예지가 참여한 버마 국경 지역 방문과 버마 난민 인터뷰는 국제지구권리와 쉐 가스 운동의 전폭적인 도움을 받았다.

에너지 전쟁과
한국의 녹색성장

전세계적으로 '에너지 전쟁'이라고 불릴 정도로 에너지 확보 경쟁이 치열해지고 있다. 특히 '에너지 기후 시대'와 '석유 정점'의 시대를 맞아 에너지 위기와 안보에 관한 염려가 깊어지고 있다. 특히 중국·인도 등이 급속한 경제 성장을 하면서 에너지 자원 확보 경쟁이 국제 사회의 핵심 이슈가 됐다. 이런 배경에서 에너지 수입 의존도가 97퍼센트에 이르고, 에너지 소비 세계 9위인 한국으로서는 식량 못지않게 에너지 자급률을 높이는 것이 중요한 과제로 떠올랐다.

　　그런데 이명박 정부 들어 더욱 강화되고 있는 해외 에너지 자원 개발은 지속 가능한 발전과 녹색성장에 부합하는지 자문하지 않을 수 없다. 석유·가스 등 화석 에너지 중심의 해외 자주 개발 정책과 이것을 범정부 차원에서 지원하기 위한 자원 외교 노선은 자칫 재생 가능 에너지 기반의 에너지 시스템으로 전환하기 위한, 그래서 지속 가능한 사회로 전환하기 위한 진정한 녹색성장과 충돌할 수 있기 때문이다. 그런데도 2009년 녹색성장위원회는 녹색성장과 기후변화 적응을 위한 주요 정책으로 해외 에너지 자원 개발을 설정했다.

　　심지어 국내에 반입되지 않은 석유·가스 생산량이 자주 개발량

녹색성장 선진한국·생활공감 국민행복

지식경제부

수신자   수신자 참조
(경유)
제목   OECD 다국적기업 가이드라인 위반 이의제기에 대한 회신

―――――――――――――――――――――――――――――――――――――

1. (주)대우인터내셔널과 한국가스공사의 OECD 다국적기업 가이드라인 위반에
대한 국제민주연대 등의 이의제기(2008.10.29) 관련입니다.

2. 본 건에 대하여 붙임 내용과 같이 검토한 결과, 정보공개(제2장 및 3장),
고용 및 노사관계(제2장 및 4장), 환경(제5장) 등 가이드라인 내용에 대하여 현 상태에서
이의제기 대상기업들이 이를 위반하고 있다고 보기 어려우며, 따라서 추가조사 및 중재
등이 필요한 상황은 아니라고 판단됩니다.

3. 다만, 동 개발 사업의 규모 및 사회적, 경제적 파급효과 등을 고려하여 국내
NCP는 대우 등 관련 기업들이 정보 공개 및 대민 이해 증진 등에 지속 노력할 것으로
기대하는 바입니다.

4. 본 건에 대하여 추가적인 문의사항이 있는 경우 국내NCP에 연락주시기
바랍니다.(02-2110-5356)

붙임 : 슈에 프로젝트 조사타당성 검토 1부. 끝.

지식경제부장관

수신자 국제민주연대, (주)대우인터내셔널, 한국가스공사

―――――――――――――――――――――――――――――――――――――

| 행정사무관 | 송지현 | 과장 | 전결 11/27 문승욱 |

협조자
시행 투자정책과-539   (2008. 11. 27.)   접수
우 427-723   경기도 과천시 관문로 88 정부과천청사 지식경제부 315
              호 투자정책과   / http://www.mke.go.kr
전화 02-2110-5356   전송 02-504-4816   / celeste@mke.go.kr   / 비공개(7)

국내 연락 사무소의 OECD 다국적 기업 가이드라인 위반 이의 제기에 관한 회신 공문.

에 포함되어 자주 개발률을 늘리기 위한 숫자 놀음에 그치는 경우도 나타난다. '자주 개발'이란 우리 기업이 개발해 확보한 자원을 말하며, '생산량×우리 기업의 지분율'(생산량 중 우리 기업 지분 해당 물량) 방식으로 계산한다. 그러나 자주 개발 개념은 근본적으로는 에너지 자립과 거리가 멀고, 국내 도입과 무관하게 해외에 판매해 수익을 얻는 것이 주된 목적이기 때문에, 국민의 에너지 사용을 우선 고려하는 것이 아니라 개발 기업의 이익을 보장하는 데 재정을 투입하는 셈이 된다. 물론 해외자원개발사업법 17조(비상시 개발 해외 자원의 반입 명령)에 근거를 둬 지식경제부 장관의 명령에 따라 자주 개발 원유를 도입할 수 있다(간접 비축 효과로 설명한다). 그러나 아직 한 번도 반입 명령이 실행된 적이 없을 뿐만 아니라 구체적인 기준도 없는 상황이어서 유명무실하다는 비판을 피하기 어렵다.

지난 2007년에 해외 자원 개발을 둘러싸고 어느 보수 일간지와 정부 부처 사이에 꽤나 긴 비판이 오고 갔다. 2007년 3월 21일부터 23일까지, 《조선일보》는 지면을 통해 세 차례나 버마 가스전에서 생산되는 천연가스 판매와 관련해 참여정부의 무능력한 자원 외교를 비판했다. 《조선일보》는 중국으로 구매권이 넘어간 사실을 무척이나 아쉬워했다. "중동 일변도에서 벗어나 에너지 수입원을 다변화하려는 정부의 중장기 에너지 수급 계획이 결정적인 타격을 받을 수밖에 없다"면서 국내 직도입 좌절을 정부 탓으로 돌렸다.

산업자원부(현 지식경제부)는 그 사안이 《조선일보》가 주장하는 것처럼 정부의 안이한 대응이 불러온 결과가 아니며, 파이프라인을 통한 중국 판매는 가스전 개발에 따른 최적의 수익성을 고려한 경제적 이유 때문이라고 해명했다. 즉 "중국과 같이 정치적, 안보적 측면까지 고려해

막대한 경제 지원까지 해가면서 반드시 확보해야 할 시급성이 있는 사안이 아님"을 강조했다. 그리고 정부가 버마의 가스전 개발을 추진한 이유는 단지 "우리 기술로 개발한 해외 가스전에서 가스를 직도입하는 완결형 자원 개발 및 도입의 성공 사례를 만들어냄으로써 국민들의 자긍심과 긍지를 제고하기 위한 것"이기 때문에, 정부의 판단 실수와 실적 부풀리기라는 시각은 잘못됐다고 주장했다.

결국 최종적으로 우선 협상 대상자였던 중국석유천연가스공사CNPC와 대우인터내셔널과 한국가스공사 등이 구성한 컨소시엄이 협상한 결과, 30년 동안 중국석유천연가스유한공사CNUOC(CNPC의 자회사)에 가스를 판매하기로 계약했다(2008년 12월). 그런데도 정부는 정상급 자원 외교의 주요 성과로 2008년 5월 중국 방문을 꼽고 있다. 버마 가스전 개발 뒤 판매 협의를 위한 양해 각서MOU를 체결했다는 것이다. 그 직후 6월에 쉐 컨소시엄과 중국석유천연가스공사가 가스 판매 양해 각서를 체결했다. 이런 정부의 태도를 종합해 보면, 국내 도입과 상관없는 자주 개발이라는 미명 아래 대우인터내셔널과 한국가스공사의 이익을 극대화하기 위한 판매처를 자원 외교를 통해 확보하려는 것이 아닐까.

그런데 서로 비판하던 《조선일보》와 산업자원부의 주장에는 중요한 무엇이 빠져 있다. 바로 버마 민중과 버마의 민주화다. 한국의 원활한 에너지 수입을 위해서든 국민의 자긍심과 긍지를 위해서든 한국의 이익(엄밀하게 따지면 자본의 이윤)만을 판단 기준으로 삼고 있다. 대우인터내셔널과 한국가스공사라는 한국 기업만의 문제는 아니다. 쉐브론, 토탈 등 다국적 기업들과 주변 아세안ASEAN 국가들이 제공하는 '생명선'과 '군정 자금줄' 덕분에 버마 군정의 물적 토대가 유지되고 있다.

그리고 원활한 에너지 수급을 위해 추진돼야 할 해외 에너지 개발 정책이 일부 대기업의 이윤 극대화 경영 전략을 뒷받침하는 장치로 기능하고 있다. 무엇보다 에너지 특별회계의 성공불융자*로 대표되는 친재벌 특혜성 제도가 이것을 보장하고 있다. 정부는 또한 2003년부터 본격적으로 자주 개발을 달성하기 위해 자원 외교를 적극 추진하고 있다. 대사관을 에너지 거점 공관으로 지정해 에너지 외교와 해외 자원 개발에 활용하기 시작했다. 대통령, 국무총리, 지식경제부 장·차관 등이 석유공사, 가스공사, 광업진흥공사, 한국수력원자력, 한국전력, SK에너지, GS칼텍스, 현대종합상사, LG상사, STX, 삼성물산 등 기업들과 함께 자원 보유국을 대상으로 활발한 외교 활동을 펼치고 있다.

이런 지원에 힘입어 최근 몇 년 동안 해외 에너지 개발에 국내 대기업이 앞다퉈 진출하고 있다. 특히 대기업 종합상사를 위시해 건설·조선 업체들도 이미 구축된 산업 연관성을 맘껏 활용해 적극적으로 진출하고 있다. 공기업으로는 한국석유공사와 한국가스공사가 대표적이다. 사기업으로는 SK에너지, GS칼텍스 등 에너지 기업뿐만 아니라, 대기업 종합상사들이 '수출 대행 업체'에서 '자원 개발 회사'로 사업 영역을 확장하는 데 성공하고 있다. 버마와 필리핀에서 악명 높은 대우인터내셔널, 자원 개발뿐만 아니라 바이오디젤과 태양광 발전에도 관심을 갖고 있는 삼성물산과 현대종합상사, 전통적인 무역 부문과 원자재 개발에 관여하는 LG상사와 SK네트웍스 등이 선두 그룹을 형성하고 있다. 이 기업들은 전통적인 에너지 기업들과 함께 부존 자원이 부족한 한국의 특성을 반영해 적극적으로 해외 자원 개발 시장에 뛰어들고 있다.

우리의 관심 사례인 버마 서부 해상의 쉐 천연가스 프로젝트는

---

* 자원 개발 성공불융자란 자원 개발 실패의 부담을 덜어주고자 석유와 가스전, 광물 개발 사업이 실패하면 원리금의 일부나 전부를 감면해주고, 성공했을 경우에 원리금과 함께 일정 비율의 특별부담금을 징수하는 융자 제도다. 일각에서는 신약 개발과 문화 산업에도 이 제도를 도입하자는 주장이 제기되고 있다.

대기업이 제3세계에 진출해 저지를 수 있는 온갖 종류의 스캔들을 보여주는 종합판이다. 이미 국제 사회는 쉐 프로젝트를 군부 지원, 인권 침해, 환경 파괴 등 온갖 악행에 연루된 개발 프로젝트로 인식하고 있다. 그런데도 대우인터내셔널과 한국가스공사는 '정치는 정치, 경제는 경제'라는 논리를 내세워 국제 사회의 경제 제재를 무릅쓰고 천연가스 개발에 몰두하고 있다. 이런 기업들의 행태를 감시하고 조정해야 할 한국 정부 역시 정책 지원을 아끼지 않고 있으며, 현지 주민들과 국제 NGO의 문제 제기에도 수수방관하고 있다.

타이 치앙마이에 있는 국제지구권리가 지난 2008년 10월 29일 대우인터내셔널과 한국가스공사의 버마 쉐 가스 프로젝트에 관해 환경 파괴와 인권 유린을 이유로 경제협력개발기구 다국적 기업 가이드라인 OECD Guidelines for Multinational Enterprises의 구체 사례 절차에 의거해 대한민국 측 국내 연락 사무소National Contact Point에 이의를 제기했지만 기각됐다고 한다 (2008년 11월 27일).

야다나 가스 개발의 악몽에 시달리는 원주민들

방콕에서 일곱 시간을 달려 타이와 버마 국경 지대인 쌍크라부리에 도착했다. 2009년 6월 30일에서 7월 1일까지 이틀 동안, 근처 UN 난민 캠프에서 생활하거나 그곳의 친척을 만나려고 어렵게 월경한 버마인 여덟 명을 인터뷰했다. 복잡한 정치적 상황이 염려되기 때문에 이런 만남은 비공식적인 과정을 통해 진행된다고 한다. 그래서인지 인터뷰에 응한 주민들 역시 익명을 요구하기도 했다.

다국적 석유 기업인 토탈과 유노칼은 지난 1990년대 초 야다나 수송관 건설을 계획하고, 버마 군부는 '보안' 유지를 명목으로 다섯 개 대대 규모의 군인들을 수송관 지역에 배치했다. 야다나 수송관은 400여 킬로미터 길이의 천연가스 수송관이며, 이중 약 60여 킬로미터가 버마 남부 테나서림 지역을 통과해 타이로 연결된다. 수송관이 지나가는 지역에는 카렌, 몬, 타보이 등 소수 민족이 밀집해 있다. 특히 카렌족과 몬족은 버마 군부를 상대로 오랜 기간 무장 투쟁을 벌여왔다.

수송관 건설이 끝난 지 11년이 지난 지금도, 군사화에 따른 삶의 파괴는 여전하다. 주민들의 증언에 따르면 건설이 끝나면서 강제 노동의 빈도 역시 자연스럽게 줄었지만, 여전히 군인들이 필요할 경우 강제 노동을 시킨다고 한다. 근본적인 문제는 군인들이 상주하는 데 따른 불안과 불확실성, 그리고 두려움이다. 주민들은 군인들이 있는 한, 군인들의 뜻에 따를 수밖에 없다고 했다. 군인들의 인권 침해는 주로 이장에게

버마와 타이 국경. 경비가 삼엄해서 방문과 촬영이 불가능할 것이라는 판단과 달리 국경 경비대의 친절한 안내로 자유롭게 오고갈 수 있었다.

"특정 기간에 사람 몇을 보내라"고 명령을 전하는 '체계적' 방식으로 진행되지만, 단지 잘못 걸리는 것만으로 강제 노동에 동원될 수 있다고 한다.

어느 주민의 말이다. "군인들이 와서 '잠깐 따라오라'고 한다. 그럼 며칠씩 함께 다녀야 한다. 오라고 하면 가야지. (반항하면) 그 사람들은 총을 가지고 있고, 당신을 때리고 죽일 것이기 때문에 아무것도 할 수 없다." 이런 상황을 빠져나갈 수 있는 유일한 방법은 노동을 하지 않는 대가로 '벌금'을 무는 것이지만, 감당할 수 없는 금액이라 어쩔 수 없이 노동력을 제공한다고 한다.

착취는 단지 노동력에 국한되지 않는다. "군인들이 두세 달에 한

버마 국경에 있는 '수송관' 시설. 수송관이 건설되면서 해당 지역의 소수 민족들은 강제 노역에 시달려야 했고, 그 여파는 지금까지 계속되고 있다고 주민들은 증언한다.

번 마을 안으로 들어오는데, 그때마다 마을 사람들이 돈을 모아 음식을 준비해야" 하거나, "군인들이 이동할 때 경비를 마을 사람들이 대야" 하는 등 "군인들에게 들어가는 '요금'이 많다"는 것이다. 그리고 "돈을 내지 않으면 평화롭게 살 수 없다."

불경기와 기후 조건의 변화로 농업 환경이 악화된 상황에서, '이동의 제한' 역시 심각한 것으로 드러났다. 마을에서 마을로 이동하거나 숲에 땔감을 구하러 가는 것마저 군인들의 허락을 받아야 하는 상황인 것이다. 허락을 받지 않았을 경우 역시 "우리를 때릴 것"이라고 주민들은 말했다.

수송관 건설에 따른 인권 침해는, 장기적으로 생활고와 연결된다. 농사짓던 땅을 잃은 주민들의 경우는 특히 더하다. 카렌족과 몬족은 전통적으로 농업에 종사했기 때문에, 삶의 터전이 송두리째 흔들렸다. 빼앗긴 땅과 관련해 어떤 대가도 받지 못한 이들은 물론, 토탈에게서 일부 배상을 받은 소수의 주민 역시 "농사짓는 일밖에 모르"기 때문에 "땅 없이 뭘 할 수 있을지 모르는" 상황에 놓였다.

인터뷰한 주민들은 대부분 급한 대로 빈 땅을 찾아 쌀과 과일 농사를 지어보거나, 짐 나르기나 청소 등 일용직을 통해 생활을 이어가고 있었다. 일관되게 물가가 치솟고 있다고 지적했고, 자연환경 또한 변해 예전만큼 풍족한 수확을 거둘 수 없게 됐다고 말했다.

"건기에는 예전보다 물이 없고 우기에는 홍수가 더 많다. 나무들이 잘 자라지 않고 열매도 덜 맺는다"고 말한 한 중년 남성은, "왠지 알 수는 없지만 수송관을 지을 때 나무를 많이 잘라냈다. 그래서 산사태도 많아지고 더 건조해졌다. 마을 사람들은 수송관 때문에 자연이 나빠졌다고 생각한다"며 의문을 제기했다.

주민들의 상황이 악화된 원인을 수송관 건설과 직접 연결할 수는 없더라도, '해외 기업의 투자가 지역 경제를 활성화시킨다'는 이론을 야다나 수송관 지역에 적용하기 어려운 것만은 분명하다. "수송관이 들어오고 나서 사는 게 더 힘들어졌다"는 것이 우리가 만난 지역 주민들의 일관된 진술이다.

해외 기업이 들어왔지만 일자리 창출은 미비했고, 그마저도 기초적인 교육만 받고 농업에 종사하는 대다수 지역 주민들에게는 다른 세상 이야기일 뿐이다. 어느 카렌족 남성은 "우리 카렌 사람들이 자유롭게 농사를 지을 수 있다면, 우리 생활이 훨씬 나을 것 같다. 지금 우리는 고통받고 있다"고 호소했다.

　더 젊은 주민들은 버마의 에너지 자원이 지역 주민의 동의 없이 해외로 팔려 나가고 있는 문제를 지적했다. 한 청년은 "지금 버마를 보면 사람들은 가스 요리 기구조차 가지고 있지 않다. 여기 바로 우리 땅을 통해서 가스가 흘러가는데, 정작 우리는 그 가스를 사용할 수 없다. 그 돈은 다 장군들에게 가고 우리 민족과 나라는 이득을 얻지 못한다"고 비판했다.

　지난 2005년 4월, 미국의 다국적 석유 회사인 유노칼이 버마에서 가스를 개발한 것과 관련해 버마 원주민이 제기한 소송에서 미국 법정은 '강제 노동, 환경 파괴, 강간 등 인권 침해' 혐의로 2800만 달러를 버마 사람들에게 지불하라고 판결했다. 결국 미국의 유노칼과 프랑스의 석유 기업 토탈은 버마에서 사업을 철수했다. 그런데 한국의 가스공사와 대우 인터내셔널이 버마에서 가스 개발을 하면서 버마 원주민과 국제 사회를 통해 똑같은 비판을 받고 있다. 또한 야다나 수송관 지역의 전례는, 수송관 건설 기간뿐 아니라 건설이 완료된 뒤 장기적인 운영에서도, '해외 기업이 버마에서 자원 개발을 한다는 것이 얼마나 위험한지' 보여주고 있다. 버마의 인권과 정치 상황이 나아지지 않는 시점에서, 버마 내 개발 사업에 적극적으로 뛰어든 한국 기업들이 주목해야 할 사례다.

쉐 컨소시엄과 버마 군부의 에너지 개발 동맹

버마 인구는 버마인이 60퍼센트로 추정되며, 나머지 40퍼센트는 아라칸, 친, 카친, 카렌, 카레니, 몬, 샨이라는 주요 민족과 130개 이상의 소수 민족으로 구성돼 있다. 주요 일곱 개 민족이 각 주를 구성하고 다른 일곱 구역은 버마인으로 구성된다. 이런 구분은 영국 식민지 시대(1826~1948)에 민족적·인종적 경계를 따라 만들어진 것이다.

버마는 1948년 식민 지배에서 독립한 뒤 내란이 이어졌다. 사회, 정치, 경제적 이유로 몇몇 민족 그룹이 무장 봉기했고, 여러 차례의 휴전 합의는 깨졌고, 인권과 환경 보호 성과도 없었다. 역사적으로 군사 정권은 인종 집단을 분할하고 봉기 세력의 '저항 전쟁'을 진압해왔으며, 이것은 버마 동쪽의 여러 지역 주민의 심각한 인권 유린으로 이어진다. 특히 버마 동부 지역의 민족들에 가한 공격으로 1996년부터 2006년 사이에 3000개 마을이 파괴됐고, 약 50만 명이 버마 안에서 난민이 됐다.

1962년부터 군사 정권이 집권하기 시작했고, 1998년 '8888 민중 항쟁' 이후 신군부의 쿠데타가 발생해 군사 정권이 계속됐다. 신군부는 대외 개방을 선언하고 외국인투자법을 제정했으며, 국명도 미얀마로 바꿨다.

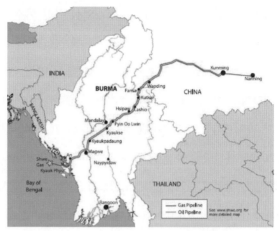

버마 광구와 파이프라인 통과 지역(출처: Shwe Gas Movement).

1990년에는 아웅산 수치가 이끄는 민주주의민족동맹NLD이 총선에서 의석 80퍼센트를 확보했다. 그러나 군사 정권은 이 선거 결과를 인정하지 않았다. 현 집권 세력인 국가평화개발평의회SPDC는 2008년 5월 헌법 개정안을 부정 투표로 통과시켰다. 그 무렵 태풍 나지스가 버마를 강타했지만, 군사 정권은 국내외의 구조 노력을 방해해 "범죄적 직무 유기"로 비난받았다. 개정안 투표 결과, SPDC는 1990년의 NLD의 승리를 무효화한다고 주장하고 2010년 총선 계획을 잡았다. 개정된 헌법에는 토지와 주택에 관한 권리, 국가가 몰수한 토지에 관한 보상 등에 관련된 규정이 없다. 한편 2010년 아웅산 수치 여사와 NLD는 군부의 불공정한 새 선거법에 항의하며 총선 보이콧을 선언하기에 이른다.

최근 몇 년 동안 버마 인근 광권은 러시아, 중국, 인도, 말레이시아, 타이, 버마가 나서 전부 결정된 상태다. 대우인터내셔널은 버마 북서부 해상 A-1, A-3, AD-7 광구에 진출했다. 쉐 컨소시엄은 운영권자인 대우인터내셔널과 한국가스공사, 인도국영석유회사 ONGC 비데쉬, 인도가스회사 GAIL로 구성돼 있다. 상업성 선언 이후 미얀마석유가스기업 MOGE의 지분도 보장된다.

쉐 컨소시엄이 중국 판매 계약을 하면서 해상 플랫폼에서 버마 해안까지 가는 110킬로미터, 버마에서 중국 국경까지 가는 880킬로미터가 파이프라인으로 연결될 계획이 발표되고, 2009년부터 건설에 착수해 2012년까지 완공을 목표로 하고 있다. 그리고 2009년 11월 1일 쉐 컨소시엄은 상업성 선언을 해 프로젝트가 공식적으로 탐사 단계에서 개발 단계에 진입했고, 2013년 5월에 최초의 가스 공급을 개시할 계획을 발표했다. 쉐 천연가스전은 현재까지 국내 기업이 발견한 해외 가스전 중 최대 규모로 LNG 환산 9000만~1억 5000만 톤에 해당한다. 대우인터내셔널은 5년간 쓸 수 있는 천연가스에 해당하고, 자주 개발율 2퍼센트 상승에 기여한다고 주장한다.

한편 버마는 1인당 국민소득GDP 239달러의 최빈국인 동시에 가장 억압적인 국가 중 한 곳이다. 그런데도 군정은 에너지 개발 이익을 국민과 지역 사회에 환원하지 않고, 오히려 연료비를 인상해 빈곤이 악화되고 민중의 저항이 거세지고 있다. 2007년 8월 SPDC는 천연가스 가격을 500퍼센트 인상했는데, 이 가격 인상은 시민과 승려들의 시위를 촉발했다. 시위자들은 물가 인하, 정치범 석방과 국민적 화합을 요구했다.

여전히 군사 정권은 민주화를 바라는 국민들의 염원을 군홧발로 짓밟으며 폭압 정치로 일관하고 있다. 《포린폴리시》(2008년 7~8월호)가 군정 최고 지도자 탄 슈웨 장군을 세계 '최악의 지도자'로 선정할 정도로 악명 높다. 그런데 에너지, 티크 목재, 보석류 등 버마의 풍부한 자원과 난민 문제에 관한 염려 때문에 주변 아세안 국가들은 군사 정권을 비판하거나 국제 사회의 제재에 동참하기를 꺼린다. 인도, 중국, 러시아 등 대국들은 에너지 개발과 무기 판매 시장의 확보를 위해 군사적·정치적·경제적 지원을 아끼지 않는다. 1996년부터 시작된 미국과 EU의 강경 제재 발언과 조치들에 근본적으로 한계가 있는 셈이다.

그런데 국제 사회의 경제 제재에 한국도 동참하지 않고 있다. 2009년 3월에 외교통상부와 해외자원개발협회가 서울에서 연 '국제 에너지·자원 협력 심포지엄'에 버마 정부 관계자도 참석했다. 이 자리에서 버마 정부 관계자는 "미국과 EU의 제재로 IMF나 IBRD의 자금을 받지 못하지만 대우인터내셔널을 비롯한 국내 기업과 해외 기업의 많은 투자를 받고 있는 상황"이라며 위기를 곧 극복할 것이라고 설명할 정도다.

이렇듯 경제 제재에도 버마에 들어오는 외국인 직접 투자[FDI]는 꾸준히 증가했다. 2007년 직접 투자의 90퍼센트 이상은 석유와 가스 부문에 관련된 것이었다. 특히 버마의 천연가스는 군부의 주 수입원이다. 버마의 천연가스 수출은 국가 예산의 약 50퍼센트를 차지하는데, 해마다 24억 달러를 받는다. 여기에 추가로 쉐 프로젝트로 버마 군부가 받을 금액은 30년간 해마다 9억 7000만 달러다. 그러나 천연가스 수입은 버마의 공식적인 국가 예산으로 잡히지 않는다. 국제지구권리는 2000년 이후 발생한 48억 3000만 달러 중, 거의 48억 달러가 국가 예산에 포함되지 않았다고 발표하면서, 버마 군부가 싱가포르 외국 은행 두 곳에 불법 세입과 부당 이득을 보관하고 있다고 폭로했다.

야다나와 예타곤 파이프라인을 통해 타이로 수출되는 천연가스는 2007년 버마의 전체 수출량 중 45퍼센트에 해당하는데, 군사 정권은 예산의 40퍼센트를 군사비로 사용하며, 건강에 1.2~1.5퍼센트, 교육에 4~5퍼센트를 사용하는 것으로 추정된다. 외국 자본이 증가하는 것과 함께 자원이 집중되어 있는 산악, 해안, 국경 지대에 사는 소수 민족들은 무분별한 개발 과정에서 인권 침해와 환경 파괴로 삶의 터전을 빼앗기고 있다.

　　이런 상황에서도 버마의 지하자원에 이해관계를 갖고 있는 국가와 기업들은 군사 독재와 수치 여사 가택 연금 문제를 거론해 버마 정부의 심기를 건드리기를 꺼린다. 결국 힐러리 클린턴 미국 국무장관이 2009년 2월 아시아 순방 중에 말한 것처럼, "경제 제재는 버마의 군사 정권에 거의 영향을 주지 못했다."

"버마는 군대가 아니라 전기를 원한다"

아라칸 청년학생회의의 아웅 맘 우

아라칸 청년학생회의의 사무국장 아웅 맘 우.

2009년 6월 24일 저녁 늦게 미얀마 국경과 인접한 타이 매솟에 자리잡고 있는 아라칸 청년학생회의^{AASYC}를 찾았다. 아라칸 주 출신의 활동가들과 서구에서 온 자원 활동가들이 함께하는 이 단체는, 아라칸의 진정한 자치를 바라면서 쉐 프로젝트를 감시하고 반대하는 활동을 해오고 있다. 우리는 사무국장 아웅 맘 우^{Aung Marm Oo}와 두 시간 가량 깊은 대화를 나눴다.

한국가스공사와 대우인터내셔널 등이 개발하고 있는 쉐 가스 프로젝트에 관한 아라칸 청년학생회의의 견해는.

쉐 프로젝트 때문에 가스 파이프라인을 보호하기 위해, 버마 정권은 더 많은 군인을 동원하고 있다. 아라칸 주에는 400만 명이 살고 있는데, 군인이 60개 대대나 들어와 있어 곳곳에서 군인들을 볼 수 있다. 그러나 정부가 충분한 식량을 지급하지 않아 군인들은 가족들을 위해 토지와 가축을 강탈하고 있다. 강간과 강제 노동, 폭행을 포함한 엄청난 범죄를 저지르고 있다.

쉐 가스 프로젝트에 반대하는 이유는 무엇인가.

이전에 추진된 다른 개발 프로젝트들을 볼 때, 민중에게 어떤 이익도 가져다주지 않았기 때문이다.

버마 국민의 에너지 빈곤 상황은 어떤가.

버마의 1인당 전기 소비는 타이와 중국의 1인당 전기 소비의 5퍼센트에도 미치지 못한다. 그런데도 가스는 대부분 타이와 중국으로 수송관을 따라 판매된다. 특히 쉐 가스전이 있는 아라칸 주는 국가 전력망에 연결되어 있지 않고, 전기는 아주 귀하다. 아라칸 주의 90퍼센트 이상이 촛불을 사용하고 취사용으로 땔감을 쓴다.

버마 에너지 문제 해결 방향은.

아라칸 같은 시골에서는 심지어 사람들이 가스가 뭔지도 모르고 있다. 어떤 사람들은 전기를 본 적도 없다. 정부가 가스를 다른 나라에 팔지 않고 국내에서 소비한다면, 현재의 가스 매장량으로 우리는 60년 동안이나 버마 전 지역에서 가스를 쓸 수 있게 된다. 버마에는 24시간 동안 전기가 돌아가는 개발된 지역이 없다. 그러나 선진국의 수준으로 따지더라도 우리는 60년 동안 가스를 사용할 수 있다. 아라칸 지역만 따진다면 800년 동안이나 사용할 수 있다.

끝으로 한국 정부와 국민에게 전하고 싶은 말을 부탁한다.

쉐 프로젝트와 관련해 우리는 한국 사람들이 적어도 버마에 민주적으로 정부가 선출되기 전까지는 그 프로젝트가 연기될 수 있게 대우에 압력을 넣어주기를 바란다. 이 정권 아래에서는 아라칸 사람들뿐만 아니라 버마의 모든 사람들이 이득을 얻을 수 없다. 버마 사람들은 억압받을 것이다. 이 정권은 에너지를 개발해 얻은 이익으로 사람들을 억압하기 위해 무기를 사들일 것이다. 그렇기 때문에 한국인들과 대우에 이 프로젝트를 중단해달라고 요구하는 것이다. 가장 큰 투자자이기 때문에 대우가 철수하면 이 프로젝트도 중단될 것이라고 생각한다.

정의로운
에너지를 위해

한국의 국익과 기업의 이익을 위해 버마 사람들의 고통을 외면해서는 안될 일이다. 그래도 '민주 국가'이기에, 우리는 버마인들의 요청에 성실히 답해야 할 것이다. 아직까지 한국의 에너지·자원 기업들은 공사를 막론하고 해외 채굴 사업에 수반되는 인권 침해의 위험과 인권 보호의 책임에 관한 인식이 전무하거나 아무런 대책이 없다. 외국의 대표적인 다국적 기업들이 일으키는 크고 작은 사건 사고는 이미 남의 나라 일이 아니다. 따라서 분쟁과 갈등 위험이 높은 자원 부국에서 자원 개발 사업을 수행하려면 인권과 환경에 관한 고도의 감수성과 책임감이 절대적으로 필요하다.

이런 관심과 노력으로 에너지와 자원 다국적 기업들의 해외 진출에 관련된 원칙과 가이드라인이 제정돼 실행되고 있다. '안전과 인권에 관한 자발적 원칙Voluntary Principles on Security and Human Rights,' '채굴 산업 투명성 이니셔티브Extractive Industries Transparency Initiative, 유엔환경계획의 산하 기관으로 지속 가능 경영 보고서의 국제적이고 보편적인 작성 기준인 '글로벌 리포팅 이니셔티브Global Reporting Initiative,' '유엔 글로벌 콤팩트UN Global Compact' 등의 각종 규범들은 다국적 기업이 수행하는 기업 활동의 지속 가능성과 지역 사회의 인권과 환경을 위한 투명성과 책임성 제고를 핵심 기준으로 제시하고 있다.

경제협력개발기구 다국적 기업 가이드라인 역시 이런 국제 규약에 속한다. 한국 역시 OECD의 가맹국이자 가이드라인 서명국으로서, 한국에 본사를 둔 다국적 기업이 해외에서 행하는 활동이 가이드라인에 부합하도록 권장할 책임이 있다.

그러나 관련 기업 전체가 이런 협약들에 가입한 것도 아니며, 자발적 협약에 불과하고 강제성이 결여돼 효과는 미미하다. 그렇기 때문에 상대적으로 엄격하게 환경과 인권이 보장되는 선진국에서 진행되는 자원 개발과, 환경과 인권이 무시되곤 하는 개발도상국과 최빈국에서 진행되는 자원 개발의 행태가 다르다.

두 한국 기업에게 개선의 희망을 걸어도 좋을까? 가스 개발 컨소시엄의 최대 주주인 대우인터내셔널은 불법 무기 수출로 이미 반인권적 기업 행태를 여과 없이 보여준 전력이 있다(2007년 11월 15일 피고인 열네 명 모두 유죄 판결을 받았다).

한국가스공사의 무책임은 공기업의 직무 유기와 태만에 해당한다. 한국가스공사는 '단순 지분 참여자'라는 평계로 버마 현지 상황을 대우인터내셔널을 거쳐 간접적인 방식으로만 접하고 있다. 언론에 보도된 버마의 인권 침해와 환경 피해 사실에 관해서는 '반정부 단체의 국제적인 정치 목적상 유포한 근거 없는 사실'이라고 반복할 뿐이다.

세계 질서는 에너지와 자원의 채굴과 이용에서 선진국과 개발도상국 사이의 모순과 불평등을 낳고 있다. 자원이 풍부한 국가들은 천연 자원을 수출해 산업화된 국가들이 번영을 유지하고 증대시킬 수 있는 기회를 제공한 반면, 정작 자신들의 영토는 자원 수출 과정이 종료된 뒤

'블랙홀'로 남게 된다. 인류의 공동 자산이자 지역 사회의 지속 가능한 발전에 사용돼야 할 에너지와 자원이, 일부 대기업의 초과 이윤을 축적하는 데 쓰이거나, 잘사는 국민들의 지속 불가능한 생산과 소비를 위해 낭비되는 것이다.

'에너지 기후 시대'에 지구 차원에서 환경·사회·경제적으로 지속 가능한 삶을 살기 위한 대안은 무엇인가. 그것은 에너지 불평등을 제거하고, 좀더 정의로운 에너지 개발을 위한 지구 차원의 강제력 있는 에너지 정의의 원칙을 세우고 실천하는 것이다. 단기적으로는 한국 기업들이 국제 규약에 자발적으로 참여해 정해진 기준을 철저히 준수해야 할 것이다. 말뿐 아니라 실질적으로, 개발 이익을 현지 지역 사회에 환원할 수 있게 해야 한다.

한국 정부도 막대한 세금을 재벌에 특혜로 베풀 것이 아니라, 에너지 빈곤을 해결하고 재생 가능 에너지를 확대하는 데 사용해야 한다. 또한 주목해야 할 것은, 인권과 환경 파괴에 관한 이의 제기를 받아 처리하는 지식경제부 장관이 해외 에너지 개발 프로젝트를 촉진하는 업무를 하면서, 대우인터내셔널이 논쟁적인 쉐 프로젝트를 진행하는 데 막대한 융자를 제공하고 있다는 점이다. 이런 악순환의 고리를 끊기 위한 특단의 조치가 필요하다.

그리고 한국 시민사회가 아시아의 에너지와 자원을 착취하는 세력에 맞서 '정의로운 아시아 연대'를 위한 관심과 지원을 아끼지 말아야 한다. 모든 사람을 위한 보물을 우리만의 에너지를 위해 다른 이의 눈물로 바꿔서는 안 된다. 에너지 개발의 과실이 에너지 빈곤에 허덕이는 자원 부국의 빈곤층에게도 환원될 수 있기를 기대한다.

우리는 정의로운 에너지 프로젝트를 기획하면서 연구조사 사업과 병행해 제3세계의 대안적이고 지속 가능한 에너지 자립 체계를 구축하기 위한 실행 사업을 추진하기로 계획을 세웠다.

아시아의 정의로운 에너지를 실현하는 경로를 보면, 주요 국가가 제3세계에 진출해 화석 에너지를 개발하는 과정에서 발생하는 문제를 감시하고 폭로하는 작업도 중요하지만, 실제 자원의 저주에 시달리면서 에너지 빈곤에 몰려 있는 현지 지역 사회와 원주민 그리고 난민에게 대안적인 지원 프로그램을 개발해 제공하는 것도 시급하기 때문이다. 이렇게 해서 필수재인 생활 에너지를 자급할 수 있는 계기를 마련할 수 있는 것이다.

우리는 버마의 쉐 프로젝트에 주목해 실제 에너지 개발 과정에서 환경 파괴와 인권 유린에 시달리는 버마 국민(난민)을 지원하는 파일럿 지원 사업인 '재생 가능 에너지 공급과 DIY 교육 사업'에 주목했다. 지원 사업이 성공적으로 끝나자 우리는 현재 진행 중인 한국 정부와 시민사회의 해외 지원 사업에 새로운 영감을 줄 수도 있겠다고 평가해 이런 모델을 확산하기 위해 움직이고 있다.

처음 시작할 때는 어려움도 있었다. 해외 구호 단체나 개발 단체가 아닌 관계로 이런 지원 사업에 경험이 없어 효율적으로 추진하기가 쉽지 않았다. 대상 국가가 한국이 아닌 동남아시아 국가라는 지리적 거리 역시 극복해야 할 문제였다.

그러나 전화나 이메일을 통한 지원 논의에 점차 익숙해지고, 마침 양세진이라는 학생 겸 활동가가 현지 NGO에서 인턴으로 활동하고 있어 사업에 속도가 붙었다. 우리는 아름다운재단의 후원을 받고 여성주의 저

태양전지판 설치 교육(출처: Border Green Energy Team).

널《일다》와 공동으로 진행한 시민 캠페인과 모금을 밑천으로 삼아 태양광 발전 지원과 교육 사업을 벌였다. 2009년 하반기 3개월 동안 350만원 정도를 만들었다. 목표 금액에는 못 미쳤지만 적지 않은 액수인 만큼 파일럿 프로젝트를 실행할 수 있었다.

애초에는 UN 난민 캠프를 후보지로 검토하고 있었지만, 우리의 준비가 부족해 대상지를 타이 치앙마이에 있는 버마 난민 교육센터인 니드 버마NEED-BURMA, Network for Environment and Economic Development-BURMA로 바꿨다. 일회적인 물품 지원을 지양하고 참가자들의 교육에 무게를 뒀다. 그래서 현지 단체를 물색하던 중 재생 가능 에너지 설치·교육을 하고 있는 타이의 국경 녹색 에너지팀BGET, Border Green Energy Team과 연계해 태양광 DIY 교육 프로그램인 'NEED-BURMA 시범 농장의 태양광 발전 설치와 유지를 위한 교육 워크숍'을 진행했다. 결과적으로 해가 바뀐 2010년 1월 5~8일, 4일 동안 워크숍을 성공적으로 마쳤다. 타이 반보힌Ban Bo Hin에 있는 니드 버마 농장의 야외 식당 지붕에 130와트 태양 전지판을 설치했고, 태양광 전지판과 재생 가능 에너지 발전 시스템 설치와 유지 기술 교

워크숍 수료식 기념사진(출처: Border Green Energy Team).

육, 버마 시골 지역에 적용할 가능성을 살펴봤다. 그리고 교육 내용을 기록해 학생과 졸업생 등이 버마 시골 마을 워크숍에서 활용할 수 있는 교육 매뉴얼을 제작했다.

교육을 맡은 국경 녹색 에너지팀과 참여 학생들의 '아주 성공적'이었다는 평가 내용을 접하고, 우리는 쉐 가스전의 문제점을 접할 때하고는 다르게 뿌듯함을 느꼈다.

교육팀 네 명은 농장을 살펴보고 그곳 활동가와 학생들 열다섯 명과 함께 에너지 사용 실태를 조사했다. 그 결과 태양 전지판은 식당보다는 숙소와 교실이 있는 건물 지붕에 설치하는 게 더 적합한 것으로 나타났다. 태양 전지판은 지붕 위에 설치했고, 제어기와 전지는 도서관과 컴퓨터실에 설치했다. 워크숍에는 열네 명의 학생이 참가했는데, 다들 교육 내용을 잘 기록해두었다. 우리는 이 학생들이 나중에 타이와 버마에서 탄소 제로 농장 사업을 추진하기로 결정했다는 소식을 들었다. 기대 밖의 성과였다. 이번 사업 경험을 바탕으로 자체적으로 에너지 자립과 지속 가능한 마을을 만드는 기획을 한 것이다. 물론 재정 등 극복해야 할 문제가 있겠지만, 우리의 대안적인 실험이 스스로 진화하고 있는 것 아닌가. 학생들은 또 스스로 집단 토론을 하면서 외부의 지원을 주체적으로 수용할 자세를 보였다. 생소한 기술과 설비를 장점과 단점으로 구분한 학생들의 생각을 들여다보자.

에너지가 충전 없이 생산된다. 전기료가 들지 않고, 소득을 다른 곳에 사용할 수 있다. 장기간 사용이 가능하다. 전력망이 없는 지역에서 유용하다. 외딴 지역과 그 학교와 병원에 적합하다. 온실가스가 배출되지 않고, 거대한 댐이나 화력 발전소와 원자력 발전소 등을 건설하지 않아도 된다. 기술이 간단해 배우기 쉽고, 전압이 낮아 위험하지 않다. 반면 장비 가격이 비싸다. 전지판을 설치하려면 공간이 필요하다. 시간 집약적이어서 날마다 점검과 유지 작업을 해야 한다. 방콕에 부품 업체가 있어 배송비가 든다. 시스템을 작동하려면 교육이 필요하기 때문에 지역의 구성원들이 먼저 교육을 받아야 한다. 우리의 생각과 별 차이가 없는 마땅한 내용이다.

결론은 더욱 현실적인데, 태양광 발전을 버마에서 확산하려는 의지가 엿보인다. 전력망이 연결되어 있지 않은 시골 지역과 외딴 학교와 병원, 그리고 난민 캠프에 적합하다고 결론을 내린다. 그러면서도 버마의 정치경제적 상황을 고려하지 않을 수 없는 모양이다. 군인들의 방해가 없는, 통제에서 자유로운 지역이어야 하고, 장비 공급 업체가 가까이 있어야 한다는 지극히 현실적인 문제를 명확하게 인식하고 있는 것이다.

자원의 저주에 내몰린 사람들과 평등해야 할 햇빛을 공유하려고 시작한 작은 시도가 한 차례 끝났다. 비록 지금은 컴퓨터와 조명을 작동하는 데 쓰이는 미약한 용량이지만 끝은 창대하리라 기대해본다.

라오스
태양광 발전기로 희망을 밝히다

이영란

일정 2009년 11월 1~9일, 2010년 2월 24일~3월 11일

장소 라오스 위양짠, 루앙파방, 싸이냐부리, 싸이싸탄(반싸멧)

참여 이영란

Laos

라오스로 가는 하늘 길.

하늘에서 내려다본 라오스의 수도 위양짠.

라오스로 가는 길

'상서로운 행운'의 고향

꼭 섬 같은 한국에서 반대로 바다가 없는 나라 라오스로 들어가는 길은 두 가지다. 비행기를 타고 타이 방콕을 들러 수도 위양짠으로 들어가거나, 베트남 하노이를 거쳐 유네스코 세계문화유산의 도시 루앙파방으로 들어가는 것. 그러나 쉬엄쉬엄 느릿느릿 지구에 폐를 덜 끼치며 살고자 하는 자유로운 여행자에게, 대륙부 동남아시아의 한가운데에서 중국, 베트남, 캄보디아, 타이, 버마와 이웃하고 있는 라오스는 셀 수 없이 많은 길을 드러내 보여준다. 나는 해외 무상원조 사업을 전담하는 정부 기관인 한국국제협력단^{KOICA} 해외봉사단원으로 비행기를 타고 라오스를 처음 찾았다.

내가 모두 다른 뜻이지만 필요에 따라 같은 것으로도 쓰이는 국제 연대, 국제 협력, 개발 지원, 해외 원조에 관심을 가지기 시작한 것은 2001년 네팔 카트만두에 머물 때였다. 근교의 작은 마을에 2층짜리 사업장을 갖추고 네팔 공용어, 재봉 교육, 화장실 지어주기 등 개발 지원 사업을 정력적으로 펼치고 있는 어느 한국 단체의 현지인 관리자가 마치 일제 시대 마름처럼 보이고, 직접 방문할 때만 사업비를 현금 뭉치로 들

187

마치 우리의 시골 고향처럼 친근한 느낌을 주는 라오스 풍경.

고 오신다는 단체 이사장이 식민지 영주처럼 보이는 내 눈이 너무도 이 상했다. 현실을 보고 싶었다. 나라면 저런 상황에 직면할 때 나는 과연 어떨 것인지 확인하고 싶었다.

이런 바람은 몇 년을 기다려서야 만난 희귀한 기회, 행정 기획 분 야를 요청한 나라가 두 곳이나 되는 때가 돼 실현될 수 있었다. 두 나라 는 경제협력개발기구 개발원조위원회DAC가 규정한 최빈 개도국 명단에 나란히 이름을 올리고 있는 아프리카 중서부의 콩고민주공화국과 동남 아시아의 라오스. 아프리카를 향한 알 수 없는 끌림으로 생각할 것도 없 이 신청한 콩고행을 정국 불안을 이유로 취소시킨 한국국제협력단은, 한

빠뚜싸이에서 내려다본 위양짠 풍경.

국의 70년대 시골처럼 좋을 거라고 위로하며 나를 라오스로 보냈다.

　　수도 위양짠에서 7주 동안 현지어(라오스는 고유의 말은 물론 문자와 숫자까지 가지고 있다) 교육을 마친 나는 라오스 북서부 싸이냐부리 Sayaboury 도道 싸이냐부리 군郡 소재 믿따팝('우정'이라는 뜻) 중학교에 파견되었다. 내 일은 읍내에서 더욱 긴요한 우리 학교의 공간 문제를 해결하기 위해 교실도 되고 회의실도 되고 작은 공연장으로도 쓸 수 있는 다목적 교사를 짓는 것. 나는 2007년 1월부터 2009년 1월까지 이 사업을 기획하고, 중반을 넘은 뒤에는 골칫거리가 되어버린 일을 마무리 짓기 위해 내내 고군분투하며 한국해외봉사단원으로 살았다.

위양짠 중심가 남푸(분수)주변에서 본 건기의 아침해.

지상보다 더 푸른 우기의 위양짠 하늘.

라오스 중부 빡싼(pakxan)고등학교 운동장. 우기 석달의 방학은 잔디밭을 늪으로 만든다.

　그러나 실은 2년 동안 천연덕스런 시골 사람들과 가족이 되어 너무나 행복한 씰리펀(내 라오스 이름, '상서로운 행운'이라는 뜻이다)으로 살았다. 부자 나라 한국에서 온 개발 원조의 첨병은 외려 하루 소득이 1달러 밖에 안 되는 최빈국 라오스 사람들 덕분에 밥 먹고 살고, 그 거창한 일이라는 것까지 해낼 수 있었다. 모르긴 몰라도 내가 라오스에서 만난 오스트레일리아, 프랑스, 독일 등 국제 단체 활동가들도 마찬가지였을 것이다. 행복할 때 지금 이 순간이 행복하다는 것을 느낄 수 있던 정말 마법같이 신기한 나날이었다.

　그리고 돌아온 씰리펀은 이제 라오스로 가는 어느 길이든 다 그립다. 차마고도의 윈난 성과 차와 구름, 거기 사는 소수 민족의 향기까지 같은 북쪽, 라오스공산당과 베트남공산당의 모태 인도차이나공산당

2010년 라오스의 건기는 매콩의 수위를 종아리까지 낮출 만큼 기록적이었다.

잿빛의 건기에 만들어진 화전이 우기에 들어서자 온통 초록으로 찬란하다

을 건설한 혁명 영웅들의 고향 북동부, 베트남과 함께한 대미 항전과 호찌민 루트로 낟알보다는 탄피와 불발탄, 지뢰가 더 많던 동쪽, 어머니 강 매컹(메콩 강, 라오스어로 강은 물의 어머니다)이 뿌려놓은 수천 개의 섬과 캄보디아의 원류인 위대한 크메르 문화를 공유하고 있는 남쪽, 통역이 필요 없이 같은 말을 쓰면서도 아웅다웅 다투는 타이와 어머니 매컹의 품을 가장 많이 나누고 있는 서쪽, 불교와 인도의 신화를 받아들이고 여전히 강돌고래가 유유히 헤엄치고 있을 신비한 북서부로 가는 좁은 길까지.

그래서 이 글은 해외봉사단원 임기 말미에 '상서로운 행운'으로 얻게 된 숙제, 산골 학교에 태양광 발전기를 지원하는 일보다는 이걸 핑계로 어떻게든 라오스로 돌아가서 무자비한 '기후변화의 시대' 한국에서 버틸 수 있는 기력을 충전하고자 한 라오스 고향 방문 이야기, 씰리펀으로 행복하던 라오스를 그리는 노래다.

라오스 스모그와 화전

나는 심하지 않지만 천식이 있다. 기억도 나지 않는 어릴 적부터 늘 그랬고. 서른이 넘어 찬찬한 건강 검진을 받고 나서야 이것이 병인 줄 알 정도였으니 대단한 건 아니었다. 그래도 외국으로 나간다니, 더군다나 여건이 안 좋은 개도국으로 간다니 적이 걱정이 되었다. 인구는 물론 저질 연료를 쓸 수밖에 없는 차량의 태반이 집중되어 있는데다 완벽한 고산지대의 분지인 카트만두를, 서울 못지않은 초고층 빌딩과 쓰레기로 열에 들떠 있던 마닐라를, 제어되지 않는 개발로 엉망이 된 개도국 도시들의 대기를 기억하고 있었기 때문이었다.

그러나 라오스의 수도 위앙짠은 전혀 달랐다. 몇 해 전 아세안 개

척를 위해 싱가폴 자본이 지은, 라오스에서 최고층인 던짠 팰리스 호텔을 비롯해 고층 건물이라고 부를 수 있는 것은 손가락으로 꼽을 정도였다. 위양짠을 동서로 가로지르는 중심 도로 쎄탓트랏이 일본의 원조로 흙길 신세를 면한 것도 불과 몇 해 전. 탓루앙(황금탑, 우리 남대문과 같은 라오스의 국보)과 빠뚜싸이(승리문, 우리의 독립문이나 프랑스의 개선문 격), 허캄(매컹 강변에 있는 상징적인 대통령궁)을 잇는 남북 중심 도로도 2000년대 초반까지 흙길이기는 마찬가지였단다. 그 수도의 신작로를 오가는 것들도 번듯한 세단보다는 저녁 무렵에야 북적이게 되는 오토바이가 더 많았고.

　　그런데 위양짠에 도착한 지 이틀 만에 재채기가 몇 번 나는 증상이 시작되더니 일주일이 지나서는 새벽마다 기침을 하느라 잠을 깼다. 갈수록 목과 머리가 아프고 심해지면 때아닌 눈물까지 났다. 위양짠에 있는 내내 틈틈이 물을 많이 마시고 학원가는 일을 빼면 거의 돌아다니지 못한 채 함께 해외봉사단원으로 파견된 한국 의사가 처방한 암브로콜 25정으로 가까스로 버텼다. 기침감기려니 했다.

　　두 달 지나 위양짠에서 버스로 가는 데 꼬박 하룻밤이 걸리는 북서부 시골 소읍 싸이냐부리로 파견됐다. 도착한 지 또 이틀 만에 머리가 떵하고 몸살기가 느껴졌다. 아니, 그전에 코가 맵고 눈이 따가워 눈물이 난다는 것을 알았다. 마치 10년 넘게 잊고 있던 최루탄이 옅게 공기 중에 섞여 있는가 싶을 정도였다. 싸이냐부리에서 보낸 넷째 날 나는 일기에 날씨를 이렇게 적었다. '읍내 전체에 뿌옇게 안개 같은 것이 늘 끼어 있음.'

　　한국에서 30년을 넘게 살면서 날씨는 내게 어떤 영향을 미치는 중요한 것이 아니었다. 비가 많이 온다고 학교를 쉬는 것도 아니었고, 번개가 친다고 휴대전화를 꺼둘 리도 없고, 돈이 비싸서 그렇지 겨울에 배

추가 없을까 싶어 김장을 담그는 것도 아니었다. 대기오염이 중요한 환경 문제이던 시대를 거쳤지만 천식은 아직까지 내게 병이 아니었다. 깨닫지 못했다.

쌀쌀한 아침과 한낮의 뙤약볕, 그런데도 늘 안개가 끼어 있는 것 같던 싸이냐부리에서 여섯 날을 보내고서야 드디어 나는 위양짠에서도 늘 똑같던 안개, '라오스 스모그'(아무래도 단순한 안개는 아닌 것 같아 동료들과 이렇게 불렀다)를 기억해내고는 일기에 이렇게 적었다. '안개가 아니라 연기에 묻힌 라오스의 건기.'

2월과 3월, 라오스 산간 지역은 연기와 재에 휩싸인다. 건기의 막바지에 화전이 집중되기 때문이다. 2010년 싸이냐부리 지역에는 가옥이 불타고 차가 다닐 수 없을 정도로 길까지 화염이 덮쳤다. 최근 잦아진 기상 이변 때문이다. 건기라지만 라오스는 풍부한 수목 덕분에 의도하지 않은 곳으로 불이 번질 염려 없이 화전이 잘 만들어졌다. 이런 통제할 수 없는 화전에 놀라고 피해를 입는 쪽은 다름 아닌 화전농 자신이다.

한편 이전부터 라오스 정부는 화전을 규제했다. 더 정확하게 말하면 화전으로 연명하며 이동하는 산간 소수 민족들의 정착을 유도하기 위해 화전을 금지하고 있다. 그러나 2007년 위양짠 주변에서는 정부의 허가를 얻은 외국 기업이 고무, 티크나무 등 단일 품종 플랜테이션을 만들기 위해 대규모 벌목과 소산燒散을 하고 있었다. 지평선까지 닿아 있는 논이 대부분인 수도권에서 화전을 했을 리도 없고, 내 천식의 원인은 바로 이것이었을 것이다.

바이오디젤의 진실

1년하고도 여섯 달 넘게 라오스에 푹 빠져 바깥세상은 거의 잊

어린이문화센터에 있는 막심 고리끼의 책들. 과거 라오스 지식인들은 주로 소련과 동유럽권으로 유학을 갔다.

왕위양의 쁜딘댕 식당에서 보이는 풍경.

어갈 무렵 나를 환기시킨 사람들이 있었다. 환경재단의 아시아 환경연수 프로그램의 지원을 받아 라오스로 나를 찾아온 네 명의 친구들. 친구들이 들고온 주제는 한국에서 한창 각광받던 바이오디젤이었다. 막상 라오스에 있는 나는 전혀 모르고 있던 정보였다. 자트로파라는 식물에서 바이오디젤을 얻을 수 있고 자트로파가 라오스에 많이 자생한다는 것. 그리고 라오스에서 가장 큰 기업 집단이라고 할 코라오^{Kolao}에서 대단위 자트로파 농장을 만들고 있으며, 무엇보다 한국 금융계가 여기에 투자를 했다는 것이다.

라오스 중북부 왕위양^{Vangvieng}에 있는 자트로파 농장을 찾아가 보기로 했다. 그러나 코라오는 환경단체와 관련된 사람이라는 사실을 알고는 처음과 다르게 꺼려했다. 이게 오히려 내 의심을 샀다. 바이오디젤이라면 화석연료를 대체할 신재생 에너지인 만큼 환경단체에 먼저 알리려 해야 할 텐데, 오히려 감추려 들다니.

제한된 일정 동안 문제가 무엇인지 알아내야 했다. 가서 비벼볼 수 있는 데가 한 군데 있었다. 왕위양의 폰딘댕(유기농 농장, 식당을 하는 자원활동센터)으로 갔다. 무슨 기별을 하거나 누굴 만나야겠다는 생각도 없이 무작정 간 것인데, 마침 하늘이 우리를 도왔다. 센터에서 오랫동안 활동한 한국 사람과 함께 폰딘댕의 주인을 만날 수 있었다. 폰딘댕 주인은 라오스 산림청장을 지낸 유력 인사로, 젊은 시절 동유럽에서 공부해 네다섯 가지 언어를 유창하게 구사한다. 이곳을 전세계 자원봉사자들이 참여할 수 있는 센터로 만든 넓은 시야를 갖춘 보기 드문 분이었다.

폰딘댕 주인장과 그곳에서 활동한 한국 사람에게 들은 라오스 바이오디젤의 진실은 어렴풋이 의심스럽던 것을 아주 심각한 문제로 만들어주었다. 첫째, 라오스에서 생산된 자트로파에서 짜낸 바이오디젤이 소비될 곳이 라오스가 아니라는 점이다. 언뜻 이게 무슨 문제일까 싶었지만, 바로 이것이 현재 전세계 바이오디젤이 친환경적일 수 없는 가장 기본적인 이유다. 유럽 선진국들은 대기와 환경을 보호하고 품위 있는 가치를 지키기 위해 바이오디젤이 필요하다. 동남아시아 저개발 국가는 그 바이오디젤(그것도 원료에 한정한 경우도 많다)을 생산하기 위해 자립적인 농업 체계를 무너뜨리고, 식량 작물을 대체하고, 대규모로 자연림을 쓸어버리고, 원주민을 이주시켜 일당 노동자로 전락하게 만드는 것이다.

둘째, 바이오디젤을 저항할 수 없는 절대선으로 만들기 위해 많은 정보들이 왜곡된다는 것이다. 실제로 대부분 친구들이 한국에서 가져온 자트로파 관련 정보가 잘못된 것이었다. 바이오디젤 작물이 물을 많이 소비해 다른 작물의 생육을 방해하고 심하면 식수 고갈을 가져올 수 있다는 경고에 맞서기 위해 자트로파는 물을 거의 소비하지 않으며 심지어 사막 같은 환경에서도 잘 자란다고 거짓말하고, 역시 투자자를 끌기 위해 바이오디젤을 생산할 수 있는 자트로파의 생육 기간을 1, 2년 정도 줄여 말하고 있었다. 그리고 사업권과 연결된 권력 기관의 부정부패와 지역 공동체의 분열 등.

그저 평화롭게만 보이던 라오스가 직면한 문제를 생생히 자상하게 말해주는 할아버지 앞에서 절로 한숨이 흘러나왔다.

세상에서 가장 싼 유기농

내가 처음 배운 라오스어 교재는 세상의 모든 언어들이 그렇듯이 라오스 말을 쓰는 사람들의 삶에 관해 많을 것을 알려주었다. '헝남'은 화장실, 말 그대로 풀어보면 물이 있는 방이라는 뜻이다. 라오스에서 물이 없는 화장실은 없었다. 성조는 조금 달라도 '카오'라는 말은 여전히 농경 중심의 사회 라오스에서 중요한 의미를 갖는 쌀과 흰색(쌀 색)을 뜻한다.

어원을 그럴듯하게 상상해 보는 것도 재밌지만, 대화하는 소재들을 살펴보는 것도 흥미롭다. 어떤 동네를 칭찬할 때 '산 좋고 물 좋고 인심 좋고'라는 말이 판에 박힌 듯이 똑같이 나오는 것처럼 라오스에서도 과일가게나 시장에 가서 대화하는 상황에 꼭 나오는 말이 있다. "이건 농약도 비료도 주지 않은 자연산이에요"다. 이런 칭찬은 라오스 학생들이 배우는 교과서에서도 반복된다. 아니, 교과서에 먼저 실렸을 것이다. 실제로 농업 기술이 중요한 부분을 차지하는 라오스 실과 교과서에는 여러 가지 용도의 거름을 어떻게 만드는지 비중 있게 다루면서 유기농법을 강조하고 있기도 하다.

우리가 예전에 산 좋고 물 좋고 인심 좋던 것이 사실이고 자랑이던 것처럼 라오스의 유기농도 사실이고 정말 자랑할 만하다. 쁜딘댕 주인은 '유기농 농장'을 아예 식당과 자원활동센터의 이름으로 삼아 국제적인 주목과 참여를 이끌어내고 있고, 씨눅 커피 사장 씨눅 씨는 타이와 유럽의 유기농 인증을 토대로 공정무역 인증까지 받으려고 하고 있다.

유기농은 이렇게 까다로운 절차를 거쳐 인증을 받아야 하는 수고로운 것이고, 그 수고로움은 높은 가격으로 보상받은 게 당연한 귀한 것이다. 그러나 라오스의 유기농은 신청하는 게 좀 어려울 뿐이지 그다지 수고로운 것도 더욱 귀한 것도 아니다. 라오스에서 나는 농산물은 물론 수산물까지 유기농이다. 라오스에서 유기농은 흔하다. 제철이 아닌 때 보이는 열대과일은 타이에서 수입한 것이요, 크고 예쁜 것도 타이산이다. 사과와 배 같은 과일은 베트남이나 중국에서 수입한 것. 작고 못생기고 벌레 먹은 것들, 이름이 너무 많아 기억할 수 없는 채소들이 라오스산이다. 돈이 없어서, 비료값과 농약값이 더 비싸서 절대 뿌릴 수 없는 진짜 유기농이다. 빈곤이 만든 세상에서 가장 싼 유기농이다.

'꼬덱'과 대안 생리대

라오스로 가려고 짐을 싸면서 나름 생각해서 준비한 게 하나 있다. 바로 대안 생리대. 여자로서 시민단체 활동을 하고 게다가 환경단체에도 잠시 몸담은 적이 있던 사람이 그때까지 대안 생리대를 쓰지 않았다는 게 좀 창피한 노릇이었지만, 한국서는 결론을 내지 못했다. 그러나 라오스로 가는 길은 달랐다.

2년 동안 남편과 떨어져서, 게다가 아픈 엄마를 남겨놓고 내가 라오스에 왜 가야 하나. 나는 스스로 내 질문에 답해야 했다. 오랫동안 꿈꿔온 만큼 그 2년을 그만큼 가치 있는 시간으로 만들어야 했다. 대안 생리대는 라오스 생활을 의미 있게 만들기 위한 준비의 하나였다.

'라오스에 폐를 끼치지 말자.' 가장 중요한 내 라오스 활동 지침이다. 라오스에 쓰레기를 남겨서는 안 된다. 저개발 국가에서 쓰레기 처리 문제는 행정력으로도 캠페인으로도 해결하기 어려운 것. 내가 여기에 짐을 보태지는 말아야 했다.

싸이냐부리는 라오스에서도 손꼽히는 저소득 지역이지만, 그래도 도청이 있는 읍내는 농사일이 고되 몸이 아프다는 것 말고는 따로 욕심낼 것 없이 평안한 곳이었다. 우리 동네 쓰레기 수거차는 한국처럼 정해진 요일에 구역을 돌았다. 한국처럼 분리수거 제도는 없지만 빈병 값이 물건 값의 7분의 1 정도 되고, 가축이며 논밭이 있으니 음식물 쓰레기가 나올 일도 없이 자연 분리수거가 된다. 여행 중이거나 아플 때를 대비해 남은 것을 가져간 일회용 생리대도 최소한 여느 저개발 국가의 쓰레

라오스의 초등학교
3학년 라오스어 교과서.

Officially Organic Certified EU, Laos, Thailand

씨눅 커피가 받은 라오스,
타이, EU의 유기농 인증.

진짜 유기농으로
재배된 갖가지
제철 채소를
시장과 길가에서
매일 사고 판다.

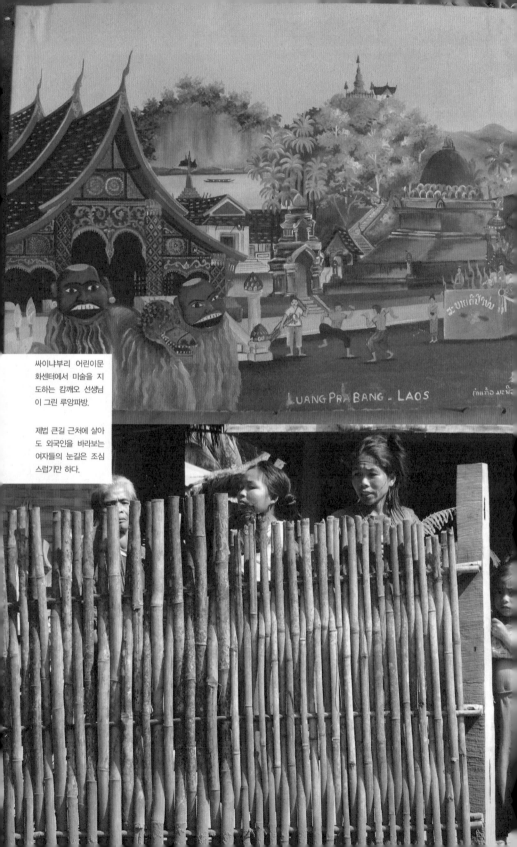

싸이냐부리 어린이문
화센터에서 미술을 지
도하는 캄깨오 선생님
이 그린 루앙파방.

제법 큰길 근처에 살아
도 외국인을 바라보는
여자들의 눈길은 조심
스럽기만 하다.

LUANG PRA BANG - LAOS

기 처리 문제처럼 난망한 지경이 아니어서 정말 다행이었다.

외국인에게 세낼 집을 가지고 있을 정도로(물론 내게 내준 집은 시멘트로 지은 별장 같았고, 정작 가족들이 사는 집은 나무판자로 지은 평범한 집이었다) 주인집은 살림이 어려운 편은 아니었다. 더욱 부모처럼 나를 돌봐준 주인아저씨는 경찰관, 아줌마는 작은 약방을 했기 때문에 소득도 모자라지 않았다. 그래서일까, 아줌마와 첫째 딸, 셋째 딸 모두 일회용 생리대 '꼬덱Kotex'을 썼다. 혼자서 절대 쓸 일 없는 많은 그릇과 거의 비어 있는 냉장고 등 내 집 안에 있는 물건들은 주인아저씨 아줌마가 내남없이 같이 썼다. 아저씨가 없으면 둘째 아들이 언제나 아침저녁 문단속을 해줬고, 그래서 가족처럼 프라이버시 개념은 사라진 지 오래였다. 아니 애초 라오스 가족들은 아예 그런 생각이 없었는지 모른다. 뭐 굳이 한 가족처럼 지내서 그런 게 아니라, 햇볕에 빨래를 널어야 하니 숨길 수도 없었다.

내가 대안 생리대를 쓰는 사실은 한 달 만에 노출(?)됐다. 아저씨와 아이(둘째 아들 이름)는 신기해했고, 수완 좋은 아줌마는 처음에는 내가 꼬덱 살 돈이 없어서 그런가 하는 눈빛이다, 나중에는 대안 생리대가 어떤 점이 좋은지 묻고 직접 만들 생각을 하는 것 같았다. 처음 반응은 좀 이상했다. 단순한 '외국인인데 돈이 없나'라는 의문을 넘어 자기들은 꼬덱을 부족하지 않게 사서 쓸 수 있다는 자부심이 묻어나는 것 같았다.

이때 초등학교 1학년 수준인 내 라오스어 실력으로는 이런 미묘한 궁금증을 해결할 수 없었다. 조금 지나 루앙파방과 싸이냐부리를 오가다 우연히 길가 오두막 울타리에 널린 꼬덱을 보고 나서야 어느 정도 궁금증이 풀렸다. 그냥 물에 젖었어도 버리는 게 맞는 위생 용품을 먼지가 뽀얗게 쌓이는 신작로 길가 울타리도 누추한 집에 사는 여자는 빨아서 다시 쓰려고 한 것이다. 차라리 여러 개라면 무지를 탓할 수도 있었을 것이다. 그러나 내가 본 재활용 꼬덱은 그저 한 개, 두 개. 남자에게는 전혀 소용에 닿지 않는 물건을 귀한 돈을 주고 어떻게 샀을 것이며, 그렇게 어렵게 구한 것인데 일회용품이라니 얼마나 가혹하게 들렸을 것인가!

라오스에서 환경 문제는 자연과 사람의 건강을 해쳐 위험한 것보다, 빈곤과 자웅동체여서 지독히도 처절해 보였다. 그래, 내가 아무리 평온한 곳이라고 떠들어도 라오스는 최빈 개도국인 것이다.

두 시간짜리
전등이 켜는 희망,
반싸멧

열두 시간을 걸어서 등교하는 학생들

3월 라오스 건기의 절정, 대기는 찌르듯 쏟아지는 햇빛보다 뿌옇게 번지는 화전 연기로 더 뜨겁다. 깎아놓은 그대로 아직 풀 한 포기 올라오지 못한 경사면이 이제 막 이 길이 놓였다는 것을 말해준다. 길이 좋아졌으니 이젠 두 시간이 채 안 걸릴 거라던 싸이냐부리 읍내 사람들의 예측은 목적지에 닿기도 전에 이미 세 시간을 넘으며 빗나갔다. 여전히 라오스다! 피식 웃음이 났다. 그리고 팽팽하던 긴장이 풀어졌다.

1년 전 나는 한국해외봉사단원 임기가 끝나기 직전 여기 산골 학교를 처음 찾아왔다. 마지막으로 얻어낸 한국해외봉사단원연합회의 지원금과 남은 생활비를 모아 사들고 온 이불과 학용품들을 학교 입구이자 마을회관 겸 유일한 가게인 교장 선생님 댁 앞에 내려놓았다. 읍내와 쉽게 오갈 수 없다는 핑계로 필요한 게 무엇인지 먼저 묻지 못하고 물건을 준비한 아쉬움에 교장 선생님께 뒤늦은 질문을 했다. 교장 선생님은 내가 물어주기를 아주 오래 기다렸다는 듯이 답을 했다. 불을 밝힐 수 있는 발전기를 가장 먼저 꼽았고, 화장실, 학용품, 옷가지가 이어졌다. 마치 어린아이처럼 기대에 차 눈을 반짝이며 듣고 서 있는 선생님들을 보며 섣부른 질문을 후회했다. 책임질 수 없는 것을 약속하는 건 아닌가. 그러나 이미 벌어진 일, 어쩌면 내 후배가 이 일을 이을 수도 있을 거라는 가느다란 희망에 억지로 미소를 지으며 돌아 나왔다.

　라오스 서북부 타이와 접경한 두메산골 반싸멧. 수도에서 열두 시간이 넘게 걸리는 싸이냐부리 읍내에서도 또 네 시간을 더 들어와야 닿을 수 있다. 여기는 고산족이라는 이름처럼 높은 산 위에 마을을 꾸려 사람들이 사는 지역이다. 그래도 우리가 보통 생각하는 최빈국답지 않게 적어도 한 마을에 초등학교 하나는 둔다는 라오스 정부의 훌륭한 정책 덕분에 이런 산골에도 교실 한 칸짜리지만 초등학교가 드문드문 보였다. 그러나 중학교만 돼도 귀해, 이 고산의 마을들 가운데인 반싸멧(싸멧 마을. 어림잡아 봐도 200여 호는 모여 살고 있는 이 지역 마을들 중에서는 꽤 큰 중심지다)에만 180여 명이 다니는 중학교가 겨우 하나 있을 뿐이다.

　반싸멧에서도 그 꼭대기에 올라앉은 학교에서 내려다보면 건너편 산중턱에 어렴풋이 이웃 마을이 보인다. 중학교가 있는 이 마을에 사는 학생들이야 등하교가 어렵지 않지만, 저렇게 어렴풋이 보이는 가장 가까운 이웃 마을에서도 통학하는 데 온전히 걸어서 두세 시간이 걸린다. 조금 떨어져 있는 마을이 네다섯 시간. 열두 시간이 넘는 곳에서 오는 학생들도 있다. 이건 아침에 해가 뜨자마자 집을 출발해 저녁에 학교에 닿을 수 있다는 이야기다. 한낮에는 사막처럼 뜨겁고 어스름할 땐 춥기까지 한 산길을 무거운 책가방을 메고 오르내리느라 새까맣게 탄 학생들.

　매일 통학이 어려운 학생들을 위해 중학교에는 기숙사가 있다. 이름이 그럴듯해 기숙사지 허름한 창고보다 못한 판잣집이다. 산꼭대기니 물이 있을 리 없고, 그대로 하늘을 인 화장실(라오스가 최빈국인 현실을 처음 목격한 것처럼 물 없는 라오스의 화장실도 처음 봤다)과 학생들이 알아서 끼니를 짓는 아궁이 하나가 다인, 겨우 두 칸짜리 허름한 오두막 두 채에 40명 학생이 기거한다. 명색이 기숙사니 공부도 해야 할 텐데, 책걸상은? 여학생 방이나 겨우 문 같은 것으로 구분이 돼 있을 뿐, 밤 추위를 막기 위한 낡은 이불 말고는 아무런 가구나 칸막이도 없다. 설사 뭐가 있다 해도 여기서는 공부를 할 수 없다. 해가 지면 반싸멧은 완전한 암흑. 별빛과 달빛 말고는 아무런 빛이 없다.

전기를 수출하는 최빈국

마을에는 이미 발전기가 있다. 마을회관에 한 대, 학교에 한 대. 특별한 날에는 저녁 두어 시간 전등 하나를 켜려고 천둥 같은 소음을 참으며 발전기를 돌린다. 그러나 문제는 소음이 아니다. 라오스는 최빈국, 게다가 여기는 라오스에서도 깊은 산골. 돈이 있을 리 없다. 석유 1리터를 사는 값도 만만치 않은데다, 그걸 사러 가려고 들이는 기름값이 만만치 않아 배보다 배꼽이 더 크다.

사실 라오스는 전력 수출국이다. 동남아시아의 어머니 강 매컹은 라오스가 풍요로울 수 있는 모든 것의 원천이 된다. 당연히 라오스는 매컹의 풍부한 수력을 이용해 전기를 생산하고 수출한다. 최빈국이 전기를 수출한다? 한국 사람은 얼른 이해가 되지 않을 것이다. 그러나 라오스나 한국이나 세상의 모든 거시 지표라고 하는 것들이 일상의 생활하고는 별 상관이 없는 현실은 다르지 않다. 국가에서 전력을 수출한다고는 하지만 내가 살던 싸이냐부리 읍내 사람들도 전기를 넉넉히 쓰지는 못했다. 라오스에서 전력을 수입하려고 하는 주변국이 자기 돈으로 댐을 짓고 직접 송전선까지 가설해 몽땅 전기를 가져가는 게 다반사인 까닭이다. 라오스를 위해 국제 기구나 선진국의 차관과 원조를 받아 지은 댐에서 생산되는 전력도 수출용이지 산골 주민들까지 고려한 내수용이 아니기는 마찬가지다. 라오스는 설사 최소한의 기반 시설을 마련한다는 계획을 세우더라도 이것을 실현할 재정이 마땅치 않은 최빈국인 것이다.

우리 학교, 믿따팝 중학교 체육 선생님에 따르면 싸이냐부리 읍내에 전기가 들어온 것도 겨우 1992년 무렵이다. 체육 선생님이 중학생이던 그때 읍내에 전기가 들어오고, 선생님 집에 처음 자전거 한 대가 생겼기 때문에 또렷이 기억한다고 했다. 그때보다야 사정이 나아졌겠지만 지금도 싸이냐부리는 읍내를 벗어난 지역에서는 전기를 끌어다 쓰는 게 쉽지 않다. 이러니 한참 깊은 산골인 반싸멧은 더욱 어려울 밖에. 그리고 댐 건설이 옳고 그르니 환경 문제가 어떠니 하는 논란은 제쳐두더라도, 언젠가 라오스 곳곳에 거대한 전봇대가 서고 송전선이 깔린다고 해도 전기 요금을 낼 돈이 없는 두메산골의 집과 학교까지 전기가 들어오기는 또 힘겨울 것이다.

산골 학교를 지켜줄 태양광 발전기

1970년대 미국의 융단 폭격(라오스에 투하된 포탄의 양은 한국전쟁의 몇 배에 이르고 여전히 불발탄과 지뢰가 많아 위험한 지역이 있다)으로 초토화된 뒤 라오스에는 유난히 어린 인구가 많다. 1년 만에 다시 온 학교에도 판자로 덧대어 지은 교실이 하나, 대나무와 갈대로 엮은 기숙사도 한 채가 늘었다. 라오스는 산골 학교도 예외 없이 들어오는 학생이 늘고 그만큼 기숙사에서 지내야 하는 중학생도 늘고 있다. 새로 군교육청이 들어서는 문제 때문에 차로 두 시간이 걸리는 옆 마을로 회의를 하러 간 교장 선생님을 대신해 나를 안내한 캄파이 선생님은 가을이 오기 전에

가까운 마을에서는 두세 시간, 먼 곳에서는 하루를 걸어 통학하는 산골 학교 중학생들.

3월 건기, 오직 화전을 일구는 산불만 환한 라오스의 두메산골.

해가 지기 전에 산 아래로 내려가 씻고 물을 길어오는 학생들.

고산족들이 주로 사는 라오스 서북부 산골 마을 풍경.

또 한 채를 더 지어야 한다고 했다(라오스는 9월에 개학해 5월에 학년을 마친다).

어린 학생들이 공부를 하기 위해 멀리 읍내나 도시로 나가 가족과 떨어져 살지 않도록, 아예 배움을 포기하지 않도록 산골 학교를 지켜야 한다. 굳이 돈 없이도 집을 짓고 살 수 있는 라오스를 지켜야 한다. 이 산골 학교에서도 두어 시간이나마 태양광 발전기로 불을 켜고 책을 읽을 수 있게 하고 재생 에너지에 관해 그리고 지구 전체를 배려하는 생각에 관해 알아갈 수 있도록 해야 한다.

태양광 발전기 설치를 돕는 이들

산골 학교 교장 선생님과 한 약속을 지킬 수 있게 해준 곳은 에너지정치센터다. 라오스 이야기를 듣고 에너지 자립이 절실한 산골 학교에는 재생 에너지 체제가 필수적일 것이라고 짚어낸 것도, 아름다운재단 지원금에 지하철 노조 신문 광고, 여성주의 저널 《일다》를 통한 인터넷 모금 등 십시일반 모은 돈으로 태양광 발전기 설치와 교육 관련한 모든 비용에다 현지 조사와 결과 확인을 위해 내가 라오스를 오가는 비용까지 마련해낸 것도 에너지정치센터다.

라오스 현지에서 태양광 발전기 설치를 맡은 곳은 재생 에너지 회사 썬라봅Sunlabob(태양에다가 시스템이라는 뜻의 라오스어 '라봅'을 붙인 작명이 안성맞춤이다. 2009년까지 라오스에서 NGO로 등록하는 게 쉽지 않아 회사로 한 것이지, 독일과 영국, 프랑스 출신 활동가들의 면면을 보더라도 사실상 썬라봅은 유럽 기반의 재생 에너지 기술 지원 단체다). 썬라봅은 우리 사업의 취지에 적극 공감해, 교실 일곱 개에는 하루두 시간씩, 기숙사 세 채에는 하루 네 시간씩 불을 켤 수 있는 태양광 발

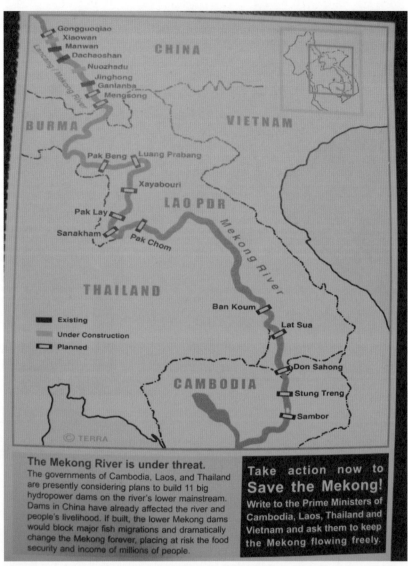

The Mekong River is under threat.
The governments of Cambodia, Laos, and Thailand are presently considering plans to build 11 big hydropower dams on the river's lower mainstream. Dams in China have already affected the river and people's livelihood. If built, the lower Mekong dams would block major fish migrations and dramatically change the Mekong forever, placing at risk the food security and income of millions of people.

Take action now to Save the Mekong!
Write to the Prime Ministers of Cambodia, Laos, Thailand and Vietnam and ask them to keep the Mekong flowing freely.

캄보디아, 라오스, 타이 정부는 매콩 본류에 대규모 수력 발전을 위한 댐 열한 개를 건설하는 계획을 추진 중이다. 사진은 세이브더 매콩(Save the Mekong)이 이 베트남을 포함한 인접 4개국 총리에게 보내는 캠페인용 엽서에 표시된 댐 건설 예정지.

산골 학교에 태양광 발전기 설치를 도운 라오스 재생 에너지 회사 썬라봅.

전기와 전선, 전구 등 시스템 전체를 설치하는 비용을 6000달러 수준으로 깎아줬다. 썬라봅은 느긋한 라오스에서 하는 일답지 않게 태양광 발전기 설치, 유지 관리를 위한 교육 훈련까지 약속보다 일찍 야무지게 끝냈다.

송전선으로 오는 전력은 아니지만 관리 책임을 맡게 되는 싸이냐부리 광산에너지국과 라오스전력공사 관계자도 이미 학교를 방문해 태양광 발전기 설치 상태를 점검했다는 사실을 읍내에서 알았다. 산골 학교에 태양광 발전기 설치를 돕는 라오스는 모든 것이 완벽했다. 이제 마지막 현장 확인만 남았다.

산골 학교 태양광 발전기 지원 사업을 위한 주한 라오스 대사의 추천서.

산골 학교 두 곳에 한 기약 없는 약속

태양광 발전기 설치 기념 간판이 선 학교 입구 언덕을 오르니 여전히 까만 얼굴로 해맑게 웃는 학생들이 보였다. 교무실에서 뛰어나온 선생님들은 반갑다는 인사보다 고맙다는 말을 하며 연신 두 손을 모았다. 캄파이 선생님은 교실 건물과 기숙사 방마다 나를 안내해 설치된 태양광 발전기 집광판과 전구들을 자랑스레 보여주었다. 설치와 동시에 선생님과 학생 넷은 썬라봅 기술자한테 태양광 발전기 관리와 수리에 관련된 교육을 받았다. 1년 보증 기간 안에 고장이 나더라도 꼬박 1박 2일이 걸리는 수도에서 수리할 사람이 오기를 기다리기보다 스스로 고치는

215

게 훨씬 빠를뿐더러, 무엇보다 태양광 발전기의 기본 목적은 외부 지원에 기대지 않는 지속적인 에너지 '자립'이니 말이다. 일부러 물었다. 올 가을에 새로 짓는 기숙사에 썬라봅 기술자 없이 전등을 가설할수 있겠냐고. 칭찬받는 학생 같은 표정으로 선생님이 말했다. "우리가 할 수 있어요. 그래서 열심히 배웠고, 지금 이것도 기술자를 도와 우리가 직접 설치한 겁니다."

처음 이곳을 찾을 때부터 나를 도와주던 싸이냐부리 교육청은 이번에도 험한 길을 갈 수 있는 사륜구동 차량과 잠잘 곳과 먹을 것까지 마련해주었다. 도움은 그저 한 번의 도움으로 끝나지 않는다. 이번 일정을 동행한 교육청의 캄썽 선생님은 반싸몏 말고 이 지역에 새로 생긴 중학교 두 곳을 더 보여주었다. 각각 두 시간씩은 더 가야 하는, 이미 해는 기울어 멀리 화전을 일구는 산불만이 환한 깊은 산골에서 대나무 기둥에 풀잎으로 지붕을 얹은 학교들을 만났다. 반싸몏 학교보다 더 열악한 조건인데도 내년이면 더 늘어날 학생들을 위해 또 역시 풀잎으로 지은 교실과 기숙사를 짓고서 걱정하고 있는 선생님들이 밤보다 더 어두운 교무실 겸 교사와 기숙사에 모여 있었다.

나는 또 기약하지 못할 약속을 해버렸다. 두 번째는 처음보다 쉬울 거라는 희망에 기대어.

ໂຄງການ ຕິດຕັ້ງລະບົບແສງສະຫວ່າງໄຟຟ້າແສງຕາເວັນ
ໃຫ້ແກ່: ໂຮງຮຽນ ບ້ານ ສະແມດ, ເມືອງ ໄຊຍະບຸລີ, ແຂວງ ໄຊຍະບຸລີ,
ໂດຍການຊ່ວຍເຫລືອລັດຈາກ:
ສູນນະໂຍບາຍດ້ານພະລັງງານປະເທດເກົາຫລີໃຕ້.

Solar system project installed for school of
Samet village, Sayabuly District, Sayabuly Province,

with the support of the Center for Energy Politics
in the Republic Korea.

ວັນທີ: 02.03.2010

에너지정치센터의 지원으로 태양광 발전기를 설치한 것을 기념하는 간판.

태양광 발전기로 전등을 켤 수 있게 된 산골 학교 기숙사.

태양광 발전기 설치 관련 교육을 받은 싸나싸이 중학교 선생님과 학생들.

라오스 산골 학교의 교실과 기숙사 내부 모습.

3부

녹색이기를
주저하지 않는
적색 친구들

Germany
United Kingdom
Denmark
Belgium

녹색이기를 주저하지 않는, 아니 실은
녹색과 적색이 동색이라고 여기는
활동가들은 유익한 이야기와 함께 여정
에서도 많은 도움을 주었다.
독일 이게 베체와 베르디, 로자 룩셈부
르크 재단, 영국 그린얼라이언스와
영국노총, 공공노조의 연구자와
활동가들에게 모두 고마운 마음이다.
코펜하겐에서 함께 고생한 녹색연합의
이유진 팀장과 벨기에서 통역과
안내를 포함해 많은 편의를 제공해 준
엄형식 씨에게도 감사를 전해야겠다.

기후변화로 인류에 불어닥칠지 모를 어두운 미래에 관한 경고는 이미 미디어에 흘러넘친다. 지구의 기온 상승이 인간 활동의 결과이며, 특히 이산화탄소를 비롯한 온실가스 배출의 결과라는 사실을 '기후변화에 관한 국제간 패널IPCC' 4차 보고서가 밝힌 이래, 이제 세계의 과학자들과 주요 정치·경제 지도자들도 그 주장의 타당성과 대응의 시급함에 동의하는 분위기다.

한국 정부나 기업, 또는 노동자는 어떤 태도를 취해야 할까. 아직 의무 감축국에 포함되지 않은 한국 정부는 너무 빨리 온실가스를 감축해서 경제 성장을 해쳐서도 곤란하고, 그렇다고 한국만 계속 봐달라고 하기도 곤란하다. 기업은 분야마다 이해관계가 갈리기는 하지만, 경제도 어려운데 추가 부담은 안했으면 좋겠다는 게 대세다.

오히려 복잡한 것은 노동자의 입장인지도 모른다. 기후변화는 노동자를 위시한 사회적 약자에 피해를 집중시키고, 그 대응이 늦을수록 부담은 더 커진다. 그러나 기후변화에 대응하기 위해 에너지 저소비형 산업과 저탄소 사회로 전환할 경우 경제가 위축되거나 고용 변화를 초래할 가능성도 높다. 노동자는 현상 유지를 이야기하거나, 협상은 정부와 기업에 맡긴 채 뒷짐 지고 있는 게 나은 걸까. 그리고 투쟁력을 보존해 일자리 지키기에 주력하면 되는 일일까.

'정의로운 전환Just Transition'을 위해 고민하고 싸우는 노동조합의 이야기를 들어보자. 이정필 연구원은 14차 당사국 총회 참가를 겸해 독일의 노동조합을 만나고 왔다. 15차 당사국 총회에 참가한 사람들은 주한 영국 대사관의 도움을 받아 영국 노동조합의 기후변화 대응 활동을 접할 수 있었다. 독일과 영국, 덴마크에서 만난 사람들은 기후정의와 관련해 노동자가 구경꾼이어서는 안 될 뿐 아니라 더 나은 세계와 작업장을 위해 쟁취해야 할 또 다른 과제가 있다는 것을 보여준다.

노동과 환경을 위한 동맹

이정필

일정	2008년 12월 9~19일
장소	폴란드 포즈난, 독일 베를린, 프랑크푸르트
참여	이정필, 이진우(에너지정치센터), 조보영(환경정의), 이승훈(한국가스공사 노조 대외협력국장), 권재욱(환경관리공단 노조 수석 부지부장), 조승수(국회의원, 당시 진보신당 녹색특위원장)

germany

폴란드에서 독일로

2008년 12월 우리는 폴란드 포즈난에서 열린 제14차 기후변화 협약 당사국 총회에 참석했다. 기대하던 새로운 기후변화 협약은 결국 윤곽조차 나오지 않았다. 그런 결과를 예상했는지 몰라도, 우리는 한국에서 새로운 공부거리를 준비해 갔다. 한국에서 출발해 독일을 경유해 폴란드에 도착하는 데만 열두 시간이 넘게 걸리는 대장정이다. 당사국 총회도 실패했는데 그냥 귀국할 수는 없는 노릇 아닌가. 회의장 한쪽에 마련된 노동조합 공식 사무실을 무작정 찾아가 기후변화와 녹색 일자리 담당자를 만나 인터뷰도 하고 정보도 받았다. 미리 약속한 덕분에 폴란드에서, 그리고 총회가 끝나고서는 옆 나라 독일에서 노동조합 관계자들을 만날 수 있었다. 틈틈이 진보 정당 관계자들도 만났다.

주로 기후변화, 정의로운 전환, 녹색 일자리를 키워드로 각국의 경험을 직접 들어봤다. 독일은 녹색 일자리 전환 전략을 개발하고 실천하는 주요 국가에서 공통으로 발견되는 '사회적 대화'와 '적록 연대'의 모범으로 각광받고 있기 때문이다. 우리는 독일의 경험과 진화 과정을 추적해 이것을 한국에서 어떻게 수용하고 실천할지 아이디어를 얻으려고 했지만, 그리 풍부한 내용을 숙지하지 못한 상태였다. 그런데도 어느 정도 성과를 달성할 수 있어, 우리는 그뒤 '정의로운 전환'을 핵심 슬로건으로 설정할 수 있게 됐다.

노동과 환경을 위한 동맹

독일에서 녹색 일자리에 관한 관심은 이미 1990년대 중반부터 가시화됐는데, 고용 문제에 직접적인 이해관계가 있는 노동조합의 활동이 두드러졌다. '지속 가능성' 개념은 이미 90년대 중반부터 노동조합의 정책 의제로 자리잡기 시작했고, 90년대 후반에 들어서는 이른바 '녹색 일자리' 프로그램으로 구체화되고 있었다. 독일 건축·농업·환경산업노조 IG BAU는 1998년에 노동조합으로서는 처음으로 건물 효율화 개축 프로그램을 실행하자고 주장한 뒤, 1999년부터 그린피스와 함께 노후 건축물을 환경 친화적으로 개축하는 프로젝트를 진행하고 있다. 이런 노력을 바탕으로 한스 뵈클러 재단은 2000년에 '노동과 생태'라는 제목으로 생태 전환과 여기에 관련된 노동 문제를 다룬 보고서를 발표하면서, 환경 보호와 일자리 창출을 동시에 추구하는 '노동과 환경을 위한 동맹Alliance for Work and Environment'을 결성할 필요성을 주장했다. 이런 제안과 독일 노동조합의 경험을 기반으로 2001년에 독일 노총DGB, 독일 정부, 환경단체 그리고 고용주 단체들이 참여하는 동맹이 결성됐다. 이밖에 독일 적록연대의 사례로 '재생가능에너지동맹Renewable Energy Alliance'도 주목을 받고 있다. 2003년부터 금속노동조합연맹IG Metal은 공공 부문 노동조합, 재생가능에너지산업연합, 유로솔라, 농민연맹 등과 함께 재생가능에너지동맹을 구성해 재생 가능 에너지를 확대하는 운동을 펼치고 있다.

노동과 환경을 위한 동맹은 2001년부터 본격적으로 에너지 절약과 에너지 효율 향상을 통해서 기존 건물을 개선해 기후를 보호하고 지속 가능한 일자리를 창출하는 데 기여하기 위한 프로그램 실행에 들어갔다. 이 프로그램은 지붕, 창문과 벽의 단열 강화, 고효율 난방 기기로 교체, 태양광 등의 재생 에너지 설비 설치 등을 통해 진행됐다. 건설과 난방 기기 설비를 담당하는 숙련 인력과 건축 설계사나 건물 진단 전문가 등의 직접적인 고용뿐만 아니라, 단열재, 난방 기기 그리고 재생 에너지 설비 등을 생산하는 산업의 간접 고용에도 영향을 주었다.

2001년부터 2005년까지 1차로 진행된 프로그램은 환경과 고용

포즈난 총회에서 만난 국제노총 아나벨라 로젬버그(맨 오른쪽). 이 인연으로 8개월 뒤 에너지기후정책연구소 창립 총회에 초청했다.

그리고 경제적 차원에서 모두 성공적인 것으로 평가됐다. 1차 프로그램을 통해서 26만 5000여 개의 건물을 개선했고, 그 결과 200만 톤의 이산화탄소 배출 감축과 19만 개의 일자리 창출 효과를 거뒀다. 또한 실업급여 지출 축소, 난방비 절감 그리고 고용 증가에 따른 세수 확대 등으로 모두 40억 달러의 이익을 얻었는데, 여기에 정부가 투자한 금액은 18억 달러에 불과했다. 2006년부터 2009년까지 이어진 2차 프로그램은 더욱 확대돼 모두 81억 달러가 투자됐다. 독일 노총은 프로그램을 유럽 차원으로 확대할 것을 제안했는데, 긍정적인 반응을 얻고 있다.

독일 노총 등은 이 프로그램을 좀더 체계적으로 지원하기 위해 부퍼탈 연구소 등과 함께 2006년에 '에너지절약펀드Energy Saving Fund'라는 단체를 출범시켰다. 이 단체는 독일 에너지청DENA을 비롯해 에너지 공급

헤센 주 좌파당 공동 대표 울리케. 바쁜 선거 운동 기간에도 기꺼이 우리와 대화를 나눴다.

사 등 폭넓은 이해관계자들과 협력하면서, 열두 가지 에너지 절약 프로그램을 추진하고 있다. 부퍼탈 연구소는 2015년까지 최종 에너지 소비를 10퍼센트 감축해 733억 유로의 에너지 비용을 절약한다면, 2030년까지 최대 100만 개의 일자리(1년 동안 유지되는 일자리)의 순고용 효과가 발생할 것이라고 예측했다.

이런 사회적 경험을 바탕으로 최근에는 더 커다란 산업의 생태적 전환을 제기하기도 한다. 2008년 12월, 프랑크푸르트에서 만난 헤센 주 좌파당 공동 대표인 울리케Ulrike Eifler는 경제 위기로 타격을 받고 있는 오펠(GM의 자회사, 직간접 고용 4만 명) 공장에 공적 자금을 지원해 그린카 생산으로 전환하면 일자리와 생태라는 이중의 이익을 얻을 수 있다고 주장한다. 한국의 쌍용자동차 파업 투쟁이 생각나는 대목이다.

이게 베체의 프레젠테이션을 듣고 있는 이승훈 한국가스공사 노조 대외협력국장(맨 왼쪽)과
권재욱 환경관리공단 노조 수석 부지부장(맨 오른쪽), 그리고 진보신당 조승수 의원(왼쪽에서 두 번째).

2008년 12월, 한국 시민사회는 환경단체, 노동조합, 정당 등 다양한 단체와 활동가들이 공동 대응단을 꾸려서 포즈난 당사국 총회에 참여했다. 우리는 기후변화와 직접 관련된 한국가스공사와 환경관리공단(지금은 한국환경공단으로 바뀌었다) 노동조합 간부들과 함께, 해외 노동조합은 기후변화를 어떻게 인식하고 있으며 여기에 대응하고 있는지 살펴보려고 했다. 이게 베체^{IG BCE}(독일 광업·화학·에너지노동조합연맹) 역시 국제노총^{ITUC} 소속으로 총회에 참석하고 있었다.

2008년 12월 9일, 공식 회의가 끝난 뒤 우리는 부슬비를 맞으며 회의장 근처 호텔 카페에 들어섰다. 곧 이어 이게 베체의 광업·에너지 정책 연구원 랄프^{Ralf Bartels} 박사가 들어왔다. 바로 소속 노동조합을 간단히 설명했다. 광업, 에너지, 화학 부문의 산별노조로 약 75만 명의 조합원이 가입하고 있다고 했다. 역사적 경험과 정치적 상황이 다르더라도, 한국과 비교하면 엄청난 조직률이다.

본격적인 질문에 앞서 랄프 박사는 에너지 산업에 종사하는 노동자들이 많기 때문에 그 사람들의 구실이 중요하다고 강조한다. 특히 광부들에게 자신들이 기후변화와 관련되어 있다고 알려주는 것이 필요하다는 것이다.

그렇다면 작업장에서는 기후변화에 어떻게 대응하고 있을까. 이게 베체는 정책을 고려할 때 환경, 경제, 사회, 이렇게 세 가지 측면을 동시에 살펴본다. 환경 측면에서는 기후변화 같은 지구적 이슈를 생각해 에너지를 절약해서 이산화탄소를 많이 배출하지 않는 것과 에너지 효율을 높이는 것, 두 방향에서 접근한다. 경제적 측면에서는 독일이 온실가스 배출을 얼마나 그리고 언제까지 줄여야 하느냐 하는 문제와 산업과 고용에 어떤 영향이 미칠지 검토한다.

특히 중요한 것은 노조의 준비 정도다. 노동조합이 준비할 기간을 주면, 직업을 잃지 않고 어떻게 살아갈 수 있을지 충분히 고민하고 대비할 수 있다고 한다. 그런데 예를 들어 광부들의 경우 석탄 없이는 당장 살아갈 수 없다. 그래서 광부들은 직업을 잃지 말아야 한다는 것을 기본 원칙으로 삼는다. 따라서 광부들이 직업을 잃지 않기 위해 석탄 기술과 효율을 증진시키는 것도 중요하고, 노조원들이 다른 직업을 찾을 수 있도록 조언도 해주고 있다. 또한 기후변화 정책, 에너지 정책 등 주요한 이슈에 관한 훈련을 진행하고, 정책 변화 등에 관한 논의를 진행한다. 이미 독일 사회에서는 EU 기준에 못 맞춰서(발전소 배출 이산화탄소 가격이 올라가 전기료가 부담되어) 시멘트 회사가 망하고 직장을 잃는 경우도 발생하고 있기 때문에, 이런 노력이 필수적이라고 한다.

한국과 비교해 상대적으로 안정된 노사 문화가 정착됐다고 평가받는 독일. 우리는 특히 노조와 회사의 관계가 궁금했다. 기후변화 의제를 단체협상 의제로 다루고 있는지 물었다. 당연히 그렇게 하고 있고, 특히 회사쪽 임원과 노조 집행부가 함께 논의해 오래된 발전소를 닫는 문제 등을 결정한다고 한다. 한국 노조 간부의 표정을 보니 조금은 부러운 눈치였다.

독일이라고 모든 게 다 잘 되고 있지는 않을 터, 조금 더 복잡한 질문을 했다. 노동조합 안에 기후변화를 둘러싸고 갈등은 없는지 물었더니, 핵 발전과 석탄 화력 발전 등을 둘러싸고 전체 여덟 개 산별노조마다 의견 차이가 있단다. 총연맹인 독일 노총에서 갈등을 조정하는 게 그리 쉬운 일은 아닐 것이다.

그렇다면 노동조합과 환경단체의 관계는 어떨까. 한국보다는 좀

더 교류와 연대가 활발하지 않을까 짐작했지만, 산별노조마다 다르다고 한다. 이게 베체는 환경단체와 갈등하는 사례가 많다고 솔직하게 말한다. 어떤 단체는 '우리의 적'이라고 말할 정도로 사이가 좋지 않은 경우도 있다고 한다. 아무래도 환경을 최우선에 두는 환경단체와 핵과 화석에너지 산업의 고용 문제를 우선적으로 보는 이게 베체의 가치가 충돌할 때가 많을 것이다. 하지만 노동조합에서도 논의 창구를 만들려고 노력하고 있다는데, 2006년에 환경회의Environmental Summit를 열어 환경단체와 기후변화 공동 대응을 논의했다고 한다. 그리고 환경부에서 만든 '그린 인더스트리 잡'에 들어가 비전뿐만 아니라 재생 가능 에너지 확대에 참여하고 있다고 소개한다.

그런데 이런 행사 위주의 연대 활동만으로 성공할 수 있을까. 소통의 장에서 부대끼면서 서로 알아가는 것은 기본적인 태도다. 그러나 최선의 방식은 아니다. 현실적으로 일자리 같은 사회 문제와 기후변화와 같은 생태 문제 사이에 '배타주의'가 생기기 마련이다.

며칠 뒤 베를린에서 만난 로자 룩셈부르크 재단의 미하엘 브리에Michael Brie 박사는 이 문제를 지식이나 현상을 둘러싼 갈등이 아니라 이해관계가 충돌하는 갈등이라고 지적한다. 민주적·사회적·환경적·연대적인 지붕 아래서 함께 가져갈 수 있는 창조적인 프로젝트를 개발해야 한다고 대안을 제시한다. 그러면서 노르웨이 노동조합의 공공 서비스 혁신과 스위스의 무료 대중교통 같은 사례와 '구조의 변화'라는 개념을 소개했다. 이것은 환경과 사회의 갈등을 벗어나 구조적 변화 속에서 그 둘을 연계시키는 작업이다. 이런 새로운 시각으로 두 개의 구조를 하나의 구조로 융화시킬 수 있다는 것이다.

짧은 만남으로 충분한 소통이 안돼서 그런지 모르겠지만, 한국에

'구조의 변화'를 제시하는 로자 룩셈부르크 재단의 미하엘 브리에 박사(맨 왼쪽).

서 짐작한 것보다는 독일 노동조합이 보수적이라는 생각이 들었다. 물론 핵과 화석 에너지에 기반을 둔 산별노조인 만큼 자신의 물적 토대를 자연스럽게 반영하고 있을 것이다. 그러나 똑같이 원자력과 석탄 노조가 포함된 베르디Ver.di(독일 공공민간서비스노동조합연맹)의 견해하고는 차이가 컸다.

'전환'이라는 단어가 머릿속을 맴돈다. 랄프 박사는 "녹색 일자리 green job만 있는가? 올드 잡old job도 있으니까 그것을 함께 고려해야 한다. 올드 잡이 지금 필요하지 않은 게 아니라, 필요하다. 환경만 생각할 게 아니라 경제적인 것과 사회적인 것도 생각해야 한다"고 힘주어 말했다. 그렇기 때문에 '녹색 일자리'가 아니라 '녹색 일자리 전환'이 더 정확한 표현일 것이다.

기후 논의를 이끄는 사회적 노동조합, 베르디

독일에는 반가운 지인이 있다. 박수진. 훔볼트대학교 유학생으로, 2007년 민주노동당이 주관해 개최한 독일 녹색당 한스 요셉 펠 의원 초청 토론회 때 인연을 맺어 독일과 관련된 일이 생기면 늘 의지해온 사람이다. 2008년 독일 '지역 에너지' 연수 때도 통역과 안내를 도맡아줘 낯선 도시를 어려움 없이 활보할 수 있었다. 이번에도 이래저래 신세를 졌다. 학업에 충실해야 할 시기인데도 우리의 부탁에 흔쾌히 응해줘서 고마움 반 미안함 반이다.

베를린은 크리스마스 주간이어서 온 시내에 장터가 열려 흥겨운 볼거리와 맛있는 먹을거리로 오감이 즐거웠다. 2009년 12월 16일, 지금은 관광지로 변한 역사의 현장, 베를린 장벽과 멀지 않은 곳에 자리잡고 있는 베르디 사무실을 찾았다. 200만 명의 조합원이 속해 있는, 독일에서 두 번째로 큰 산별노조의 위용을 드러내듯 건물도 대단한 규모다. 안내를 받아 어느 회의실에 들어가니 음료를 준비하고 있는 우베^{Uwe Woetzel} 정치·계획 연구원이, 일주일 전에도 중국 노동 조직이 방문했다면서 우리를 반갑게 맞았다.

우리와 문화적 배경이 달라서 그런지 모르겠지만, 우베 연구원은 자랑하고 싶은 조직의 성과뿐만 아니라 갈등 사례도 여과 없이 소개했다. 그중에는 포즈난에서 만난 이게 베체와 맺은 경쟁 관계도 포함돼 있었다. 우선 베르디의 강령이나 규약에 환경 보호 관련 내용이 들어가 있지만 막상 실천의 영역으로 오면 부차적으로 취급되는 등 모순이 존재한다고 설명한다. 또한 노조 사이에서 일자리와 환경에 관해 견해 차이가 적지 않은데, 갈등을 조정하거나 타협하기도 힘들다는 것이다.

그리고 이게 베체와 베르디의 관계에 관해서는 더욱 직설적으로 표현한다. 우리가 보여준 이게 베체의 문서를 보면서, 베르디 역시 '보수적'이라고 지적한다. "(문서에 등장하는) 이런 슬로건은 어디서나 볼 수 있다. 누구나 지속 가능성을 말한다. 그 슬로건 뒤에 어떤 배경이 있느냐가 정작 중요하다"는 것이다. 그리고 이렇게 얘기했다. "이게 베체는 전통적인 화석연료를 사용하고, 화력 발전, 원자력과 깊은 관련성을 가지고 있는 에너지화학노조인데, 베르디와 약간 갈등이 있다. 원자력 에너지가 문제다. 베르디는 원자력 에너지에서 벗어나야 한다는 생각이며, 재생 에너지에 관심이 있고, 지역 분산적인 에너지 공급 형태를 지향한다. 반면 이게 베체는 반대 의견을 취하고 있어 우리와 경쟁 관계를 형성하곤 한다."

여기서 우리가 흥미롭게 생각한 부분은 원자력 노조가 두 산별노조로 분리되어 있는 점이다. 그렇다면 이게 베체와 달리 베르디 내부

간담회를 마치고 찍은 기념 사진. 왼쪽에서 세 번째가 이게 베체의 랄프 박사.

에서는 어떻게 원자력보다는 재생 가능 에너지 정책을 결정할 수 있었을까. 베르디의 원자력 관련 조합원들도 직업 안전성을 원한다. 그런데 이미 독일에서는 정치적으로 원자력을 중단하기로 결정이 났기 때문에, 노조원들은 자신의 일자리가 안정적이지 않다는 걸 받아들였다. 그래서 원자력에 계속 일하기를 원하기보다는 더 안정적인 다른 괜찮은 일자리를 제공 받기를 바란다.

그러나 우베는 이어서 베르디 안에서도 비슷한 문제가 있다고 지적한다. 과거 베르디의 연방 총회에서 석탄 산업과 관련해 총론적인 정치적 방향을 정하는 과정에서, 석탄 산업이 지속되지 못하게 하고 중단해야 한다는 견해를 베르디의 기본 노선으로 채택하자는 안건이 올라온 적이 있었다. 그런데 지역에서 시작된 반대에 부딪혀 결국 기각됐다는 것이다. 우베는 석탄 화력 발전이 환경오염의 기본 문제 중 하나인데, 지속적인 토론을 하지는 못하고 있는 상황이라고 말한다. 환경에 관심은 많지만 현재의 인식으로는 그걸 받아들일 수준이 아니라고 평가했다.

우베는 이런 현실의 제약을 극복할 수 있는 실마리가 있다고 소개한다. 그중 하나로 최근 진행하고 있는 네트워크 형성을 든다. 네트워크와 노조는 어떤 관계가 있을까. 설명은 이렇다. 인권단체, 환경단체와 함께 '기업의 책임을 위한 네트워크CCRA, CORPORATE ACCOUNTABILITY'를 형성했다. 이른바 사회적 책임을 말하는데, '기업의 책임'이라는 개념을 도입해서 네트워크를 형성하고 있다. 정의로운 책임과 사회 정의의 개념을 도입한 것이다. 이 네트워크에서 중요하게 여기는 가치는 인권, 사회적 권리(국제 노동기구 기준에 맞춰서 특별히 강조하기 위해 인권에서 분리), 환경 보호, 기후 보호, 이렇게 기본적인 네 가치들이다. 이 네트워크는 현재 활동을 하고 있는데, 법안을 제정하거나 공공적인 이슈를 형성해내는 구실을 한다.

다른 하나는 공공 사업의 영역을 활용하는 것이다. 먼저 공공 사업을 규정하는 의무 사항에 베르디가 지향하는 가치와 원칙들이 포함되고 강조되도록 압력을 행사한다. 그리고 베르디는 공공 서비스 노조이기 때문에 특성상 공무원이 많다. 베르디는 공무원 조합원들에게 행동 지침을 배포해 스스로 그 지침을 민감하게 받아들이고 실행할 수 있게 하고 있다. 베르디가 환경을 보호하고 최저 임금 보장, 환경 보호, 이산화탄소 배출 저감 정책을 추진할 수 있는 효과적인 방법인 셈이다.

여기에 녹색 일자리가 빠질 수 없다. 독일의 노동조합은 이명박 정부의 가짜 녹색 일자리나 한국 노동조합의 무관심과 달리 풍부한 경험과 적극적인 의지를 갖고 있었다. 우베는 세계적인 경제 위기를 해결하기 위해 사회적·정치적·환경적 정치가 중요하다고 하면서, 12월에 등장한 글로벌 유니온Global Union의 그린 뉴딜 개념을 중요하게 생각하고 있었다. 위기를 기회로 살릴 수 있는 하나의 움직임이라는 것이다. 정부와

베르디의 우베 연구원(왼쪽)과 통역을 맡은 박수진 씨(오른쪽).

노조 사이는 친환경 산업을 주제로 대화하고 있었다. 특히 이게 바우[G BAU](건축·농업·환경노조)가 추진하는, 노후 건축물을 환경 친화적으로 개축하는 프로젝트의 사례를 더욱 확산시킬 필요가 있다는 것이다.

좌파당 생태 플랫폼에서 제기한 녹색 일자리의 그늘이 떠올라 물었다. 풍력, 태양광 등 재생 가능 에너지 분야에 종사하는 노동자가 화석 에너지 종사자들보다 많아졌다고 들었는데, 정작 노동자들의 노동 조건이 열악하고 노조 만들기가 힘들다는 문제 제기를 어떻게 생각하느냐고. 우베도 이 사실을 인정한다. "재생 에너지 관련 노동자의 근로 조건이 나쁜 것은 사실이다. 태양열 전지나 풍력 발전기를 만드는 설비 자체를 만드는 것은 이게 메탈[G METAL](금속노조) 소속이다. 재생 에너지 산업은 신생이라 노조 결성이 힘들다. 무엇보다도 실업률이 높은 동독 쪽에 재생 에너지 산업이 많아 특히 노조 결성이 힘들다."

우베는 또한 녹색 일자리를 둘러싸고 벌어지고 있는 '녹색 일자리 인플레이션' 논쟁(증가하는 일자리뿐만 아니라 감소하는 일자리를 고려해야 하며, 장기적으로 보면 일자리 창출 효과가 없거나 미비하다는 주장)에 관해

좌파당 생태 플랫폼의 공동 창립자인 만프레드 보이프. 오스카 라퐁텐과 로타 비스키가 제출한 사회 체제 속의 생태 문제를 강조면서, 동독 지역 녹색 일자리의 문제점에도 관심을 가져야 한다고 주장한다.

그렇게 말하는 비판자들의 논점은 의미가 없다고 딱 잘라 말한다. "친환경적인 산업 구조로 바꿔야 하는 이유는 다른 게 아니라, 바로 다른 선택지가 없기 때문이다. 화석연료가 고갈되기 때문에 더는 그것으로 지탱할 수 없다. 그런 근본적인 관점이 있기 때문에, 일자리 증가와 감소로 계산하는 것은 의미가 없다. 따라서 친환경적으로 산업 구조가 변경돼야 하는 건 당연하다."

이런 당위성뿐만 아니라 우리가 잊지 말아야 하는 게 남아 있다. 환경 친화적인 기업으로 변해야 되고 환경 친화적인 경제로 전환되어야 하지만, 거기에는 조건이 따라야 한다. 바로 전환의 사회적 조건이다. "일자리를 잃지 않고, 기본 소득을 받을 수 있는 사회적 프로그램이 병행되어야 하고, 기업 구조의 변화가 있어야 한다." 이것이 우리와 우베가 공감하는 참된 결론일 것이다.

영국

노동조합, 정의로운 전환을 주장하다

김현우

일정   2009년 12월 7~10일

장소   런던

참여   김현우(에너지기후정책연구소), 석치순(국제노동자교류센터), 정문주(한국노총),
       유기수(건설산업연맹), 장영배(공공운수연맹)

United
Kingdom

2009년 12월 8일 오후, 런던. 그린 얼라이언스^{GA, Green Alliance}는 빅토리아 역 근처 버킹엄 팰리스 로드에 면한 건물 2층에 자리잡고 있다. 우리를 맞은 사람은 페이 스콧^{Faye Scott}이라는 젊은 연구원이다. GA를 먼저 찾은 이유는 영국 시민사회의 기후변화 대응과 정의로운 전환에 관한 견해, 노동조합과 연대 활동에 관한 정보를 들을 수 있으리라 기대했기 때문이다.

스콧 연구원에 따르면, GA는 10여 명이 활동하는 아주 작은 씽크탱크지만 정부 정책에 영향을 미치고 기업의 의견 변화를 이끌려고 하며, 이미 상당한 평판을 얻은데다가 정부 부처에 접근 가능한 역량을 갖고 있다고 한다. 스콧은 제3섹터 담당으로, 노동조합 사업을 포함해 영국 사회의 다양한 부문을 결합하는 데 관심이 있다.

GA는 영국 노동조합들과 함께 일련의 보고서를 펴냈는데, 그 중 하나인 〈변화를 위한 노동(Working on Change, 2009)〉은 우리도 미리 검토한 자료다. 이 보고서는 노조에서 먼저 GA에 의뢰해 9개월 동안 TUC(영국 노총)와 UNISON(영국 공공노조)이 재정을 지원해 작업한 것이다. 보고서는 노조가 기후변화와 환경 문제에 관심을 갖는 기회가 됐고, TUC의 부문 조직마다 '녹색 전환'으로 나아가는 다양한 변화 가능성이 있다는 것을 보여줬다. 이런 문제의식과 활동이 중요한 이유는 무엇보다 노동자의 고용 안정과 노동권을 지켜야 하기 때문이다. 영국 남부의 풍력 발전기 제조업체인 베스타스는 국내 수주 부진으로 공장을 폐쇄했고, 노동자들이 수개월째 고용 투쟁을 벌여 주목을 받고 있다. 재생 에너지를 확대하자는 국가 목표하고는 달리 현실은 반대인 것이다. 스콧은 "베스타스의 교훈 중 하나는 노조가 재생 에너지 정책에 미리 적극 개입할 필요가 있다는 것을 보여준 것"이라고 말한다. 정리해고가 벌어진 뒤 이어지는 수세적 대응은 한계가 있기 마련이라는 것이다.

그린 얼라이언스의 제이 스콧 연구원과의 만남.

GA의 관점은 경기 침체에 맞서는 지속 가능한 경제 방식으로 저탄소 녹색 경제, 녹색 일자리, 녹색 금융을 실현할 수 있다는 것이다. 스콧 연구원은 '정의로운 전환'은 매우 유용한 개념이지만, 일방적이어서는 안 된다고 이야기했다. 기후변화 대응이라는 목표를 달성하면서도 경제적, 사회적 영향에 관심을 가지는 게 중요하다는 것이다.

영국에서도 쟁점이 되는 원자력 발전, CCS(탄소 포집과 저장)*에 관한 의견을 물으니, 이 문제를 GA에게 물어본다면 반대일 게 분명하다고 한다. 원자력 투자보다 재생 에너지가 낫다는 생각인데, CCS는 GA 안에서도 연구가 진행되고 있다. 하지만 노조는 CCS에도 미온적인데, 왜냐하면 재래식 석탄 발전까지 퇴출되는 효과가 염려되기 때문이다. 영국에서 CCS 논쟁은 아주 활발한 상황인데, 영국 정부는 신규 발전소를 지으면서 CCS를 적용하지 않아서 환경단체와 충돌하기도 한다. 원자력 발전에

• CCS는 발전이나 제조 공정에서 나오는 이산화탄소를 모아서 지층이나 심해에 저장한다는 개념인데, 과학적 실현 가능성과 안정성에 의문이 제기되고 있는데도 여러 나라에서 탄소 저감 기술로 실용화를 추진 중이다.

관한 찬반은 이미 낡은 논의라는 분위기도 있지만, 정부는 어쨌든 원전을 건설할 것이라는 체념 같은 것도 있는 게 사실이다.

한편 영국 정부는 기후변화 법안과 탄소 예산을 조성하고 있는데, 실제로 얼마나 될지는 GA도 궁금해하고 있다. 영국 정부는 건물 에너지 효율화 사업 같은 구체적인 프로그램을 갖추고 있을까. 스콧 연구원이 보기에도 정부 정책에서 실망스러운 점은, 쉽게 할 수 있고 효과도 큰 주택 단열화 같은 사업에 비중을 두지 않는다는 것이다. 정치인과 정부는 이런 사업이 선거에 별로 도움이 안 된다고 생각한다.

기후변화 대응에서 TUC 내부의 갈등은 없는지 질문하자, 총연맹의 주문에 민감하게 반응하는 노조들이 있고 노골적으로 반감을 갖는 경우도 있다고 한다. 정의로운 전환 정책에 관해서도, 기존 산업이 소멸할 염려가 있는데, 왜 노동조합이 먼저 주장해야 하느냐는 반발이 있다는 것이다. TUC가 이 정도까지 기후변화 대응 활동을 하는 데는 정책 담당자인 필립 피어슨^{Phillip Pearson}의 구실이 컸다고 한다.

영국 정부의 녹색 일자리 청사진은 장밋빛이다. 그러나 신규 일자리보다 기존 일자리 녹색화가 중요한데도 관심이 부족하고, 상징적이고 가시적인 정책에만 치중하는 경향이다. 노조, NGO 등 제3섹터가 중요하고 대중들의 적극적 개입이 필요하다. 노조의 여러 활동 중 기후변화 활동의 비중이 작거나 방어적이기 마련인데, 노조 지도부가 중요한 구실을 해야 한다는 이야기로 긴 논의를 마무리했다.

인상 깊은 내셔널 센터와 산별노조의 노력

다음에 들른 곳은 영국의 내셔널 센터인 TUC(노동조합회의)다. 외국의 산별노조나 내셔널 센터를 가보면 번듯한 건물이 참 부러울 때가

많은데, TUC 역시 그랬다. 런던 중심가 골목에 있는 건물 전면과 내부에는 노동자의 고통과 투쟁을 상징하는 위엄 있는 조각물이 서 있고, 1층에는 예쁜 카페테리아도 있다. 우리를 맞아준 것은 TUC의 경제사회국 정책 담당인 앨리스 후드Alice Hood와 PCS(중앙 정부 공무원노조)의 앤 엘리엇-데이Anne Elliott-Day다.

TUC의 기후변화 대응 정책은 고용 보호라는 관점보다 더 넓은 사회적 의미를 지향하고 있다. 앨리스 후드는 노조가 기후변화에 관심을 가져야 하는 이유를 명쾌하게 요약했다. 우선 '연대' 차원이다. 우리 이후 세대와 하는 연대이자, 가난한 집단과 가난한 나라와 하는 연대를 위한 것이다. 둘째, 기후변화가 초래할 막대한 경제적 비용을 미리 줄이기 위한 것이다. 기후변화 대응이 늦게 시작될수록 감당해야 할 국가적 부담이 기하급수적으로 커진다는 '스턴 보고서'가 이것을 방증하고 있다. 셋째, 노동자가 일하는 작업장이 기후변화에서 갖는 중요성 때문이다. 상품 생산과 운송·이동을 위한 교통, 폐기물 등이 온실가스 배출 완화와 적응에서 갖는 비중이 엄청난 탓이다. TUC는 이런 것들을 기업과 자본의 책임이라고 치부하거나 기후변화의 위협을 선전하는 데 그치지 않고, 다른 작업장과 다른 경제를 위한 희망과 대안으로 연결해야 한다고 주장한다.

물론 TUC 내부에도 다른 의견이 있다. 예를 들어 기후변화로 산업 구조와 고용에 큰 영향을 받을 것으로 예상되는 석탄 관련 산업 등에서는 노조가 이 문제에 앞장서는 것 자체를 꺼리거나 민감하게 받아들인다. 그러나 TUC 지도부는 조직 내부의 활발한 토론과 교육으로 그 간극을 극복해가고 있는 듯했다. 영국의 노조 여기저기에서 '노조의 녹색화' 구호가 받아들여지고 있다.

녹색 작업장과 녹색 대의원

한편 영국에서 기후변화에 대응하기 위한 사회적 협력은 대체로 원활한 편이다. 이미 1998년에 노조의 지속 가능한 발전 자문위원회 [TUSDAC]가 구성돼 영국 정부와 노조 사이의 대화 창구 구실을 하고 있다. TUSDAC은 환경식품농업부[Defra] 서기와 전문직노조[Prospect] 총장이 공동 의장을 맡고, TUC 산하 주요 연맹이 구성원으로 참석해 정부 정책에 영향을 미치는 동시에 노조 내의 기후변화 행동을 고취하는 구실을 한다. 최근에는 '정의로운 전환을 위한 포럼'이 만들어졌다. 정부와 노조가 구체적인 전환 의제에 관한 논의를 시작할 예정이다.

PCS의 앤 엘리엇–데이. 녹색 작업장과 녹색 대의원이 가장 큰 관심이다.

　　기후변화와 관련한 영국 노조의 활동에서 가장 눈에 띄는 것은 '녹색 작업장Green workplaces' 프로그램이다. TUC에 따르면 탄소 배출 문제 중 어떤 부분은 노조 대표자들의 통제를 넘어서지만, 영국 에너지 소비의 절반 이상(전기의 경우 80퍼센트)이 작업장에서 직접 사용되고 있으며, 출퇴근 수단 역시 심각한 탄소 발자국을 남긴다는 데 주목해야 한다.

　　TUC는 몇 년 전부터 산하 작업장의 에너지 사용 실태 등 전반적인 환경 조사와 연구를 시작했고, 이런 결과를 토대로 여섯 개의 시범 작업장에서 에너지 이용을 절감하는 노조 주도 프로젝트를 추진했다. TUC의 조직력과 활동력이 높은 곳인 코러스 철강, 프렌즈 프로비던트(금융 서비스), 환경식품농업부, TUC 본부, 스코틀랜드 전력, 대영박물관

등이다. 모든 프로젝트는 노조 간부들이 직접 조사 활동을 벌이고, '녹색 주말' 지정, '노동 환경 판촉 직원' 훈련, 사용자 협상을 지원하도록 했다. 결과적으로 TUC 본부 건물은 심야 전력 이용을 절반으로 줄였고(매립 쓰레기 폐기물은 40퍼센트 감축), 대영박물관은 전력 이용을 7퍼센트 줄이는 성과를 보였다고 한다.

중요한 문제는 노조 간부들이 환경 이슈를 위해 활동할 수 있는 시간을 확보하는 것이었다. TUC는 일련의 캠페인 과정에서 작업장에서 환경 문제를 제기하고 감독하는 '녹색 대의원green reps'을 발굴하고 임무를 부여했다. 녹색 대의원은 조합원과 비조합원이 모두 가능하고, 아직 공식 지위를 인정받는 것은 아니지만 실제로 작업장에 녹색 활력을 불어넣고 있다. TUC는 단체협상을 통해 공동환경위원회를 구성하고 녹색 대의원이 유급 활동 시간time off을 보장받기 위해 노력하고 있다. TUC의 앨리스 후드는 산업안전보건 대의원의 유급 활동도 오랜 투쟁의 결과로 얻어진 것이라는 점을 우리에게 상기시켰다. 그리고 녹색 작업장의 동력이 가정으로, 사회로 확산되기를 기대한다고 전했다.

기후변화는 이제 모든 나라의 모든 세력이 외면하기 힘든 주제가 됐다. 각국의 정부와 노동조합도 기후변화 대응을 위해 상당한 공감을 나누며 협력하고 공동 사업을 펼치고 있다. 그러나 기후변화 이슈 역시 고용과 재정 운용의 변화와 긴밀히 연관된 만큼 계급 중립적일 수 없다. 환경적 고려는 모든 세력에게 좋은 것이기는커녕 노동 진영에게는 한순간의 방심도 허용하지 않는 문제다.

히드로 공항 확장은 논쟁 중

마침 런던 히드로 공항의 활주로 확장 문제를 놓고 논쟁이 벌어

지고 있었다. 히드로 공항은 영국
의 철도항만운수노조^{RMT}가 확장
저지 캠페인을 벌여 관심을 끌던
곳이다. 영국 교통부가 2007년 말
3번 활주로와 6번 터미널을 건설
할 계획을 제시했는데, 이렇게 되
면 근처 마을 등 700여 가구를 철

영국 녹색당의 히드로 공항 확장 반대 캠페인

거하게 되고, 비행 횟수가 70만 회 이상으로 늘 것으로 전망됐다.

　　RMT는 HACAN이라는 전문 기관에 연구를 의뢰했고, 그 결과
히드로 공항을 이용하는 비행 중 상당수가 단거리 노선으로, 영국과 유
럽의 철도망을 통해 대체 가능하다는 것을 증명했다. 결론적으로 RMT는
히드로 공항 확장 대신 히드로를 포함한 철도 확충을 대안으로 제시했
다. RMT의 주장과 환경단체와 주민들이 연대 활동을 벌인 결과, 히드로
공항 확장 계획은 유보됐고, RMT는 히드로 확장 계획에 맞서 투쟁하면
서 환경 친화적인 고용과 지역 사회 대안을 강구한 최초의 노조가 됐다.

　　그런데 언론 보도에 따르면 히드로 3번 활주로 건설 예정지가 탄
소 검증^{Carbon test}을 통과했다고 한다. 신기술 적용 덕분에 탄소 배출을 늘
리지 않고 공항을 확장하고 유지할 수 있다는 말인데, 그러자 히드로 3
번 활주로 건설이 갑자기 급물살을 타는 상황이 됐다. 저탄소 경제를 누
구보다 강조하는 영국 사회에서 탄소 검증 통과가 되레 건설을 추진하
는 무기가 되고 있는 것이다.

　　이에 대해 영국 각계의 찬반은 뜨겁다. RMT와 환경단체들은 탄
소 저감 정책 방향에 역행한다고 강하게 반발했지만, 최종 결정까지 노
동·시민과 교통·건설 자본이 힘겨루기를 계속할 것으로 예상된다.

12월 10일, 런던 체류 마지막 날에는 영국 중앙 정부의 부서인 DECC(에너지기후변화부)를 찾아 영국 정부의 정의로운 전환 정책을 소개받을 수 있었다. DECC는 산업부와 농림식품부의 기능 일부를 떼내 2008년 10월 설립한 새로운 정부 부처다.

DECC의 정책 담당자에 따르면, '영국의 저탄소 이행 계획'의 취지는 에너지 안보, 경제 효율성 극대화, 취약 집단 보호 등 세 가지다. 2020년까지 전환 전략을 세우고 있는데, 저탄소 산업 전략과 함께 각 정부 부처가 탄소 예산carbon budget을 수립하고, 2020년까지 신재생 에너지 비율을 15퍼센트로 확대하려고 한다. 수단은 EU 차원의 탄소 거래 시장, 네 개의 신규 CCS 시범 사업, 2018년 신규 원자력 발전소 건설 등이다. 역시 노동조합이나 환경단체하고는 긴장과 논란이 일어날 게 뻔한 방안들이다. 그러나 영국 정부는 어느 나라의 정부처럼 일방적이지는 않은 것 같다. 얼마 전 주요 노동조합과 함께 '정의로운 전환 포럼'이라는 테이블을 구성했고, 마침 이날 오후에 첫 회의가 있다고 했다.

방문을 마치고 나오는데, DECC 건물 입구에서 WWF(세계야생동물보호기금)의 영국 조직에서 기후변화 대응 촉구 기자회견이 열리고 있었다. 기자회견 현장에 뚜벅뚜벅 걸어 다가온 이가 있었으니, DECC의 에드 밀리반드 장관이다. 에드 장관은 좌파 정치학자 랄프 밀리반드의 아들이기도 한데, 전략적인 신생 부서의 장관을 맡을 정도로 노동당에서 촉망받는 정치인이다. 장관이 직접 서한을 전달받고 의견을 청취하는 소탈함이 제법 인상적이었다.

DECC의 에드 밀리반드 장관이 거리에서 환경단체를 만나고 있다.

기후변화 총회에서
한국의 녹색성장을 폭로하다

김현우

일정   2009년 12월 11~15일

장소   덴마크 코펜하겐

참여   김현우(에너지기후정책연구소), 석치순(국제노동자교류센터), 정문주(한국노총),
       유기수(건설산업연맹), 장영배(공공운수연맹)

Denmark

에너지기후정책연구소는 2008년부터 한국에 '정의로운 전환' 전략을 소개해왔고, 특히 지난 2009년 8월의 국제 심포지엄에 국제노총^{ITUC}의 기후정책 담당자를 초청해 '정의로운 전환'에 관한 관심을 높인 바 있다. 또한 이 자리에 참석한 ITUC 담당자는 해외에 일면적으로 알려진 한국 정부의 '녹색성장' 정책에 관한 한국 시민사회와 노동조합의 견해 그리고 건설적인 대안을 해외의 노동조합들에게 소개해줄 것을 요청해왔고, 구체적으로 코펜하겐에서 열리는 15차 당사국 총회 기간에 ITUC가 주최하는 사이드 이벤트에 참여하는 것을 제안했다. 이 초청이 성사되고 영국 대사관이 지원해준 덕분에 런던과 코펜하겐에 더 많은 사람들이 동행할 수 있었다.

처음부터 어두운 구름이 드리운 코펜하겐

우리가 코펜하겐에 도착한 것은 12월 11일 금요일 저녁 무렵이었다. 공항에서 곧장 벨라센터로 이동해서 당사국 총회 참가자로 등록한 뒤, 교통 이용권을 발급받고 회의장 내부를 둘러보았다. 이미 코펜하겐 적응을 끝낸 이진우, 이정필, 조보영 연구원이 우리를 맞아주었다. 각종 정부 기구와 NGO의 부스, 미디어룸, 오늘의 화석상^{Fossil of the day} 행사를 구경했다.

총회 진행 상황을 전달받고, 본회의의 진전이 더딜 뿐 아니라 선진국과 개도국의 의견 차이가 전례 없이 첨예하다는 것을 확인했다. 12월 8일 《가디언》에는 난항에 빠진 당사국 총회의 타협책으로 마련된 덴마크 의장 협상안이 유출돼 보도됐다. 그런데 이 덴마크 의장안이 오히려 회의 분위기를 더욱 어렵게 만들었다. 개발도상국이 온실가스 감축에 의무 동참하면 선진국이 재정 지원을 한다는 방안이 개도국의 강한 반

희망의 코펜하겐(Hopehagen) 방문을 환영했지만······.

5만 명 이상이 참여한 NGO 행진, 코펜하겐 국회 광장.

발을 낳았기 때문이다. 이렇게 되자 개도국 안에서도 수몰 위기에 몰린 섬나라들은 더 강한 감축 목표 체계를 재구축할 것을 요구했고, 교토 체제의 후속 구도를 만든다는 협상의 기본 틀조차 그대로 유지될지 의문스러운 형국이 됐다.

더구나 ITUC가 몇 년의 노력 끝에 힘들여 원안에 포함시킨 '정의로운 전환' 항목까지 제외됐다는 얘기가 전해지면서 노동 진영도 큰 혼란에 빠지게 됐다. 그러나 12월 10일에는 '정의로운 전환'과 '괜찮은 일자리' 보장이 모두 원안에 살아남았다는 소식이 다시 전해졌다. ITUC가 제안한 원안에는 기후변화 문제를 다루는 의사 결정에 참여해야만 하는 '이해당사자'로서 '노동자와 노동조합'을 포함시켜야 한다는 것과 기후변화와 기후 정책에 긴밀히 연결돼 있는 빈곤 축소·고용 보장·사회 안전망 등의 쟁점을 다루기 위해 필요한 개념으로 '정의로운 전환'을 특별히 강조하는 구절이 들어 있다.

한편 12월 12일 토요일을 맞아 국제 공동 행동의 날 행진이 5만여 명의 참여 속에 코펜하겐 중앙역부터 당사국 총회 회의장인 벨라센터까지 펼쳐졌다. 이 행진은 주로 진보적 환경단체와 시민단체의 주도로 준비된 것으로, 참가자들은 선진국의 책임을 강하게 요구하는 기후정의와 탄소 배출권 거래 등 시장 기제 의존 반대, 제3세계 민중 생존권 보장 등을 소리 높여 외쳤다.

이 행진에는 노동조합 조직의 결합도 활발해 ITUC를 위시해 독일 공공노조Ver.di, 프랑스 연대단결민주노조SUD, 프랑스 노총CGT, 덴마크 노총LO 등 많은 노동조합의 깃발을 볼 수 있었다. 벨기에 사회주의 노동조합ABVV 대오는 〈인터내셔널가〉를 힘차게 불렀다. 노동조합 대열 앞에 펼쳐진 플래카드의 문구는 '노동조합이 해답을 갖고 있다'Unions have

노동조합은 '정의로운 전환'이라는 해법을 가지고 있다.

기후변화를 막으려면 이산화탄소 농도를 350피피엠까지 낮춰야 한다.
코펜하겐의 한 연립주택에 걸린 슬로건.

Solutions'다. 물론 그 해답은 기후정의와 함께 환경과 인간을 모두 살리는 '정의로운 전환'이라는 주장이다. 선명하지만 아직은 추상적인 이 구호가 세계를 살리는 노동조합의 해답이 되려면 아직 채워 나갈 내용이 많다.

노동조합은 해답을 갖고 있는가

기후변화 협약 당사국 총회의 부대행사로 12월 14일부터 사흘간 노조가 주관하는 별도의 프로그램이 시작됐다. '노동자 세계 한마당World of Work pavilion'이라는 행사인데, 녹색 일자리, 에너지 시스템 개편과 정의로운 전환, 공공 부문의 구실 등 다양한 토론이 세계의 노동조합 주최로 열린 것이다.

ITUC가 주도한 이 행사는 코펜하겐 시내와 본회의장 벨라센터 중간쯤에 있는 LO 본부 건물에서 진행됐다. 특히 '정의로운 전환'의 실현 방안을 타진하며, 저탄소 산업 정책을 위한 노동조합의 견해를 정리하는 데 초점이 모아졌다.

이 자리에서 나온 각국의 경험은 다양하면서도 공통됐다. 14일 열린 첫날 행사에서 국제식품농업노동조합IUF은 저탄소 시대에 지속 가능한 먹을거리를 생산하려는 노동조합의 전망을 이야기했다. CGT는 환경 문제를 해결할 때 사회적 대화의 중요성을, 국제공공노조PSI는 기후 위기에서 탈출하는 과정에서 공공 서비스의 구실을 다뤘다.

국제건설목공노조BWI가 마련한 자리에서는 탄소를 줄이기 위해 건물을 단열하고 개량할 필요성이 제기됐다. 이런 주장을 놓고 ABVV의 어느 활동가는 "벨기에에서 건축 사업은 열다섯 단계나 되는 하청 구조를 통해 진행된다"며, "단체협약 등을 통해 탄소를 줄이는 '녹색 일자리' 이면서 '괜찮은 일자리'를 보장받기 어렵다"고 얘기했다. 한국 상황과 별로 다르지 않은 이야기다.

이런 문제 제기에 BWI 소속 토론자는 일종의 '틀거리 협약framwork agreement'을 해법으로 제시했다. 정부, 공공 기관, 초국적 기업이 사업을 발주할 때, 노동 기본권 보장 등 처우에 관한 내용을 포함하는 협약을 맺어서 노동조합이 약하거나 없는 사업장에도 협약이 확대 적용되거나 적어도 투쟁할 수 있는 근거를 마련하자는 것이다. 노사 관계가 다른 유럽의 이야기지만, 제도적 수단을 어떻게 활용할지 고민하게 만드는 의견이었다.

이날 미국의 블루그린 동맹Blue Green Alliance이 연 토론에서는 미국의 유력한 산업별 노동조합과 시에라클럽 같은 환경단체들이 자리를 함께했다. 블루그린 동맹은 2006년에 출범해 환경단체의 기후변화·에너지 문제와 노동조합의 노동법 개혁 문제를 서로 적극적으로 지지하며 인상적인 연대 활동을 보여주고 있다.

이 동맹에는 미국철강노조, 통신노조, 천연자원보호회의, 서비스노조SEIU, 북미국제노조, 전력노조, 교원노조 등이 참여하고 있다. 이 동맹은 지역 사회에 기반을 둔 기후변화 대응 프로그램을 활발히 추진하고 있어서 눈길을 끌었다. 이날 토론에서는 '녹색 일자리'의 의미를 확대하자는 주장이 나왔다. 교원노조 소속 참가자는 "재생 가능 에너지 관련 일자리뿐만 아니라, 녹색 전환에 관한 인식을 제고하고 숙련을 향상하는 사회적 재교육 활동까지 녹색 일자리로 봐야 한다"고 강조했다.

그러나 내부의 다양성은 어찌할 것인가? 철강, 원자력 산업의 노동자들은 녹색 전환이 쉽지 않은 처지에 놓였기 때문이다. 시에라클럽의 한 활동가는 "블루그린 동맹은 차이보다 공통의 인식에서 가능한 활동부터 주력한다"며 대화를 거듭 강조했다. 물론 원론보다 현실의 어려움이

미국의 블루그린 동맹이 개최한 토론. 지역 수준의 연대에서 길을 찾는다.

많겠지만, 일단은 그렇게 서로 만나고 볼 일이다.

15일과 16일의 행사는 더욱 많은 조직과 내용으로 채워졌다. 국제운수노조ITF는 기후변화와 교통 부문의 고용 대안 모델을 다뤘고, 네덜란드 노총FNV은 작업장의 녹색 프로그램을 주제로 잡았다. 국제노동기구ILO는 경제 재건과 녹색 일자리가 사회적으로 윈윈할 수 있는지 타진했다. 에너지 전환, 여성 노동자와 녹색 일자리, 재정 확보와 투여 방안도 토론에 포함됐다.

녹색성장이 기가 막혀

15일에는 한국의 에너지기후정책연구소EPIC가 양대 노총과 함께 마련한 자리가 있었다. 이 자리에서는 녹색성장 정책이 국제적으로 알려진 것하고는 다르게 '녹색 분칠green wash' 정치 선전에 불과할 뿐만 아니라

4대강 사업과 원자력 발전 증설 같은 반환경적인 계획을 포함하고 있다는 것을 국제 사회에 알렸다. 실제로 이런 자리가 시급히 필요한 상황이었다. 글로벌 유니온이 펴낸 자료를 보면, 한국은 녹색 재정 지출은 모범적인데 노동 기본권 탄압이 문제라는 식으로 평가하고 있다. 이런 식의 잘못된 상황 인식이 국제 사회에 널리 퍼져 있는 것이다.

녹색연합의 이유진 기후에너지국장은 발제를 통해 한국의 녹색 성장이 실제로는 탄소 저감과 에너지 효율화하고는 거리가 멀고, 국내에서 많은 문제를 일으키고 있다고 전했다. 지속 가능 노동재단Sustainlabour의 요아킴 니트로와 델라웨어대학교의 존 번 교수는 토론을 통해 한국 정부의 녹색 투자가 부풀려져 전해지고 있다는 데에 공감을 나타내고, 녹색 전환은 단지 일자리의 문제가 아니라 경제 시스템과 사회 전환의 문제라는 의견을 전했다.

한국노총과 민주노총은 한국에서 노동 탄압과 시장 위주 성장 정책 때문에 겪는 어려움을 이야기하며, 한국의 산업 구조가 기후변화 대

유기수 건설산업연맹 정책실장과 석치순 국제노동자교류센터 국장. 인어동상 뒤로 숙소인 노뢰나호가 보인다.

응 체제에서 지속 가능하지 않다고 지적했다. 결론은 한국 노동운동 내부부터 기후변화에 관한 인식을 높이고 대화의 물꼬를 트기 시작해야 한다는 다짐 또는 과제다.

우리가 바로 기후 난민

코펜하겐에서 우리가 묵은 숙소는 '노뢰나호'라는 유람선이었다. 인어공주상 바로 남쪽에 정박한 이 배는 겉보기에는 무척 훌륭했지만, 투발루 원주민에게 미안하게도 우리야말로 사실 기후 난민이나 다름없는 생활을 해야 했다. 비용 문제로 2층(배의 철갑 안이라 실은 지하 2층)의 6인 1실, 10제곱미터(3평) 공간에서 살아야 했고, 인터넷도 핸드폰도, 전기도 쓸 수 없는 곳이었기 때문이다. 틈이 날 때마다 우리는 노트북을 끼고 5층, 6층으로 올라가 자판기 옆 콘센트에 멀티탭을 연결해 보고서와 기사를 쓰고, 총회 동향을 살펴야 했다.

그래도 한국에서 가져온 햇반과 컵라면은 화장실의 온수를 부으

기후 난민. 고생만큼 배움과 즐거움도 컸다.

면 그럼직한 식사로 탈바꿈했고, 하루이틀 지나자 어느덧 적응이 돼 집 같은 느낌마저 들었다. 온수 속에 햇반을 눌러놓기 위해 근처 공원에서 구해온 머리통만한 바위는 두고두고 화제가 됐다.

일요일 하루 여유를 틈타 우리는 코펜하겐에서 바로 다리 건너에 있는 스웨덴 도시 말뫼로 갔다. 외레순 해협에 있는 릴그룬드 해상 풍력 단지를 본다는 명분이 있긴 했지만, 이 여정 중 거의 유일한 관광이었던 것도 사실이다. 코펜하겐에서 만난 에너지노동사회네트워크 이호동 대표 일행과 함께한 말뫼의 한나절은 따듯하게 데운 와인 맛과 함께 즐거운 추억이 됐다. 돌아오는 기차 창밖으로 릴그룬드 해상 풍력 단지가 석양 속의 멋진 실루엣을 연출했다.

코펜하겐 회의는 결국 '절반의 성공'으로 끝났다. 그러나 그 성공이란 기후변화에 대처하는 국제적 합의의 틀이 깨어지지 않았다는 것뿐이다. 이 정도 결과를 위해 그토록 많은 시간과 사람, 노력이 필요했을 리는 없다. 교토 의정서 체제를 대체하는 새로운 내용과 약속을 담는 협약을 만드는 것이 공언된 목표였다면, 그리고 그것에 실패했다면, 절반의 실패는 사실 전부의 실패일 것이다.

회의 폐막을 하루 연장까지 하면서 만들어진 코펜하겐 협정문의 주요 내용은 크게 세 가지다. 첫째, 산업화 이전에 견줘 지구 온도의 상승을 섭씨 2도 이내로 억제해야 한다는 과학자들의 의견을 수용했다. 2015년에는 중간 평가를 통해 전 지구 목표를 섭씨 1.5도로 강화시킬 것인지 다시 논의하기로 했다. IPCC의 권고가 국제 사회의 승인을 얻게 됐다는 의미는 있지만, 섭씨 2도 억제를 위해 2050년까지 얼마만큼의 온실가스를 감축한다는 문구는 빠져버렸다. 협정문이 원안보다 가장 크게 후퇴한 대목이다.

둘째, 2010년 1월 31일까지 선진국은 2020년까지의 온실가스 추가 감축 목표를, 개도국은 감축 목표 없이 자발적 감축 계획을 제출하기로 한 것이다. 회의 초반부터 전향적인 감축 목표 설정은커녕 구체적인 의지도 밝히지 않은 채 정치적 수사만 난무하다가, 가장 중요한 내용의 숙제는 두 달 뒤로 넘겨버린 것이다. 구속력 있는 감축 목표와 수단에 관한 합의는 사실상 1년 뒤 멕시코 회의로 넘어갔다. 환경 활동가들은 기후변화의 초침이 재깍거리며 돌아가고 있다고 탄식했다.

셋째, 기후변화 취약국의 적응을 긴급 지원하기로 한 결정이다. 앞으로 3년간 300억 달러를 긴급 지원하고, 2020년까지는 1000억 달러

석양에 비친 릴그룬드 해상 풍력 단지.

의 기금을 조성하기로 했다. 기후변화 대응을 지원하기 위한 돈줄이 그나마 확보됐지만 개도국 그룹이 요구한 규모하고는 차이가 크다.

이 협정문은 그나마 만장일치의 동의를 얻지 못하고 '유의한다take note'는 수식어를 달아 국제 문서로서 효력을 인정받았다. 수몰과 가뭄의 위기가 이미 무릎까지 차오른 개도국들은 도저히 손을 들어줄 수 없었기 때문이다. 코펜하겐 시내와 회의장에 도배되다시피 붙어 있던 '희망의 코펜하겐Hopenhagen'이라는 포스터 문구는 이제 '껍데기 코펜하겐Nopenhagen'이라는 비아냥으로 바뀌었다.

회의 결과는 여느 때보다 많은 공을 들인 국제 노동운동에게도 실망스러운 것이었다. ITUC는 폐막 다음날 코펜하겐 회의 결과에 관한

협상은 결국 "미안합니다"로 끝났다. 그린피스는 주요국 정상의 얼굴을 담은 선전물을 게시했다.

논평을 냈는데, 무엇보다 온실가스 감축 목표치와 구속력 있는 수단이 모두 유예된 상황에 관한 정치권의 책임을 지적했다. 가이 라이더 사무총장은 "핵심적인 쟁점에 관해서 결과가 좀 만족스럽지 못하더라도 코펜하겐은 적어도 앞으로 나아가는 계단을 놓는 데 도움이 됐으며, 세계 지도자들이 몇 달 안에 다시 만나 세계 시민의 기대를 충족시키고 결론을 내릴 것을 요구한다"고 말했다.

협정문 안에 마지막까지 남아 있기를 바라던 '저탄소 경제를 향한 정의로운 전환과 괜찮은 일자리 그리고 이해당사자' 구절은 결국 포함되지 못했다. 주요국 정상이 만들어낸 세 쪽이 못 되는 협정문이 워낙 추상적이고 임시적인 합의만을 담고 있는 탓에 노동 의제가 별도로 포함되기 어려웠던 것이다. ITUC 의장 셰런 버로우가 정상회의장에서 연설할 기회를 갖고, "우리는 이 과정을 통해 괜찮은 일자리와 양질의 일자리 창출의 동력으로 '정의로운 전환'의 중요성을 여러 정부들이 인식했다는데 만족을 표시한다"고 말했다. 하지만 노동의 힘은 부족했고, 막판에는 배제됐다고 말할 수밖에 없다. 대부분의 노동 활동가들은 다른 시민사회 인사들과 마찬가지로 마지막 2~3일 동안 회의장을 출입할 수조차 없었다.

TUC의 정책 담당 필립 피어슨은 매일같이 코펜하겐 보고를 올리던 블로그를 접으면서, 회의 과정에서 노동의 대응과 역량이 충분했는지 자문하면서도 이 결과가 국제 노동운동에 교훈으로 남기를 바란다고 말했다. 자신은 멕시코에서도 함께할 것이라는 다짐과 함께.

벨기에

기후변화와 고용
— 국제 노동계의 도전과 응전

김현우

일정   2010년 3월 25~26일

장소   벨기에 브뤼셀

참여   김현우(에너지기후정책연구소)

Belgium

기후변화가 고용과 노동시장에 미치는 영향에 관한 개략적인 논의가 국내외에서 전개되어 왔지만, 대개는 시론적이거나 특정 국가와 부문에 한정된 것이었다.

2010년 3월 25, 26일 이틀 동안 벨기에 브뤼셀에서 ITUC와 지구적노조연구네트워크[GURN]가 공동 주최한 워크숍 '기후변화가 고용과 노동시장에 미치는 영향 — 도전과 응전'이 열렸다. 워크숍에서는 기후변화가 노동시장에 미치는 영향을 여러 수준과 측면에서 살펴보는 논문 발표와 토론이 진행돼서, 기후변화와 노동시장의 변화 사이의 어느 정도 가설적 수준에 머물던 관계를 추정하는 데 필요한 구체적인 논거들이 제공됐다. 이 워크숍에는 40여 명의 국제적 노동조합 운동가와 연구자들이 참석했으며, 총 네 개 세션을 통해 발제와 패널 토론을 진행하고, 앞으로 심화 연구와 협력을 하는 데 아이디어와 제안을 도출하기 위해 논의를 벌였다.

유럽에서도 논란인 CCS

첫 세션에서 유럽노총[ETUC]의 조엘 드까이옹[Joël Decaillon]과 앤 패닐즈[Anne Panneels]는 〈유럽에서의 고용과 기후변화 정책〉을 발표했다. 발표에 따르면, 우리는 세 가지 상호 연관된 위기를 맞고 있는데, 기후변화와 생물종 다양성 상실과 직접 연관된 환경 위기, 지구적 경제 위기, 식품과 상품 가격의 급등이 그것이다.

조엘과 앤은 공업, 농업, 어업 등 여러 부문에서 기후변화와 가격 변동에 관한 해법을 찾지 않으면 더 길고 깊은 경제적·사회적·환경적 위기를 겪게 될 것이며, ETUC의 경우에는 노동의 차원이 기후 관련 정책에 통합돼야만 한다고 역설했다. 또한 아주 다양한 부문에서 실제로 고용을 창출할 기회가 있다는 점에 주목하기를 바랐다. 재생 에너지, 에너지 효율화(특히 건설업) 등 저탄소 경제로 나아가는 필수적 이행은 공업뿐 아니라 서비스 부문 등 우리의 모든 일자리에 영향을 미칠 것이다.

또한 줄곧 강조한 점은 정의로운 전환을 보장해야 한다는 것이다. 모든 수준에서 사회적 대화와 협의를 보장할 것, 전략적 방향에 안정화된 법적·규제적·재정적 장치를 포함할 것, 새로운 규제 수단을 강구할 것, 필수적인 직무 전환에 요구되는 숙련을 제공할 것, 점차 '금융화'되고 '지구화'되는 유럽 경제의 부정적 영향에서 저탄소 이행 과정을 보호하도록 조치를 취할 것 등이다.

한편 CCS(탄소 포집과 저장)는 일자리를 창출하지만, 기본적인 기술적 실현 가능성 문제와 사회적 수용성의 문제, 일자리와 노동자 숙련 개발 문제를 제기한다는 점이 지적됐다. 앞으로 몇 년간 연구 개발을 진행하면서 현실성이 낮다고 평가되면 다른 대안을 찾아야 한다는 얘기다.

현재 개발 중인, 특히 재생 에너지 분야의 소규모 탈집중 전력 생산에서 사회적 대화와 단체협약을 발전시키는 것도 중요한데, 이런 작업장들에서 노동조합 대표자들이 인정받지 못하는 상황이 벌어지거나 반노조 성향까지 목격되기 때문이다. 이런 상황은 좋은 노동 조건을 획득하는 데서 노동자들의 제한된 권력 문제 그리고 조직화와 마인드 변화의 문제를 제기한다.

규제적 제도, 소비자 행동도 주요 변수

기후변화는 개별 산업과 부문에 직접 영향을 미칠 뿐 아니라, 무역 장벽이나 조세 같은 국가 정책 등 규제적 제도와 수단들을 매개해 노동시장에 다양하게 영향을 미칠 수 있다는 점과 소비자 행동 패턴도

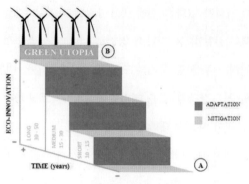

녹색 유토피아로 가는 계단은 '감축'과 '적응'으로 구성된다.

중요한 변수가 된다는 주장이 많은 공감을 얻었다. OECD LEED[Local Economic and Employment Development](지역고용전문기구)의 가브리엘라 미란다[Gabriela Miranda]는 기후변화 대응이 지역 노동시장에 갖는 함의를 발표하면서 이런 점을 잘 설명했다.

기후변화 대응으로 초래되는 경제 재구조화는 리스크를 최소화하고 기회를 최대화하기 위해 중요한 정책과 규제적 개입을 요구한다. 시장만으로는 변화의 기반을 제공할 수 없을 것이다. 따라서 정책 결정자는 양면의 도전에 직면한다. 이행 관리와 녹색성장의 실현, 이행 지원은 과배출 산업이 밀집된 지역에서 특히 중요할 것이며, 적극적 노동시장과 사회 보호 정책을 채택할 필요가 있다는 것이다.

궤도 산업에서 본 조달 정책의 가능성

또한 노동시장이 국제적·국가적·지방적 수준으로 중층적으로 형성되어 있고, 각 수준의 정부 기능이 기후변화와 노동시장 관계에서 주요하게 작용할 수 있다는 분석이 여러 곳에서 제시됐다. 여기서 흥미로운 것이 스톡홀름대학교의 조나단 펠드먼이 발표한 캐나다 궤도 산업의 사례였다.

캐나다의 봄바르디아는 항공기 생산 세계 3위이자 철도 차량 생산 세계 1위의 기업이다. 지구화와 결부된 압력과 다른 나라의 저임금 기업들의 경쟁 압력에도 불구하고 캐나다는 여전히 두 개의 유력한 궤도 대중교통 생산 단지를 보유하고 있고, 지역 교통 당국, 노동조합, 지역 공급업자들을 연결하는 지역적 조합주의 블록 역시 강하게 남아 있다.

하지만 캐나다는 최근 대중교통 서비스의 국내 수요를 점차 줄여 왔고, 철도 제조업의 고용도 줄어들었다. 궤도 부문을 강력히 지원하던 산업 정책이 약화되고 봄바르디아가 항공 제조업 비중을 높이면서, 경제적 안정성은 높아졌지만 환경적 견지에서는 상대적으로 지속 불가능한 기술에 의존하게 됐다.

다수의 노동시장 이론가들은 생산이 결국 지구화되어 대중교통, 풍력 등 지속 가능한 발전 분야에 국가가 하는 녹색 일자리 투자의 효과마저 줄어들 것이라고 주장하지만, 펠드먼은 캐나다의 사례에서 국가 조달 정책이 가져올 가능성을 역설한다.

봄바르디아의 경우에도 국가의 대중교통 투자 감소, 불황, 외부 하청 등으로 잠재적 경쟁력이 더욱 나빠졌다. 그러나 이런 추세에도 불구하고 온타리오와 퀘벡의 지방 정부가 토론토와 몬트리올 같은 규모 있는 구매자와 봄바르디아를 연결시켜줘서 캐나다 안의 지역 제조업에서 계속 비중을 유지할 수 있었다. 이런 도시들에서 광역 도시철도 궤도 차량을 확충하는 정책을 취하면서 여기에 조달하는 물량을 봄바르디아가 맡게 됐기 때문이다. 또한 미국 뉴욕 시 같은 주요 도시들하고도 수출 계약을 맺으면서 봄바르디아의 궤도 부문 확장과 해외 진출이 힘을 얻게 됐다. 캐나다의 주요 산별노조 역시 진보적 지방 정부와 함께 이런 조달 계약을 촉진하는 캠페인에 적극 나섰다.

　　이런 노력들이 모여 캐나다 궤도 산업은 지구화의 위기를 이겨내고 국내 시장을 창출하는 데 기여했고, 특히 지역 수준의 활동을 통해 국내 기반의 생산에 비중을 유지하는 대중교통 생산자로 성장할 수 있게 됐다. 이런 일련의 흐름은 산업 정책과 국가 행동, 기업 전략과 거버넌스, 노동조합과 풀뿌리 정치가 수행하는 고유하면서도 상호적인 기능들을 잘 보여준다.

　　요컨대 지구화가 불가피한 탈규제화, 탈국가화로 귀결되는 것이 아니라 국가와 지역 주체의 노력에 따라 산업 구조와 노동시장에 상이한 결과를 낳을 수 있다. 또한 정부 조달과 투자 촉진 정책이 만들 수 있는 효과에 관한 사례를 더 많이 발굴해야 할 것이다. 특히 캐나다 궤도 투자의 사례에서 드러난 진보적 지방 정치 세력과 인근 지방 정부, 노동조합의 공동 행동은 노동조합의 전략 수립에서도 시사하는 바가 크다.

여전히 미진한 논점들

　　워크숍은 기후변화와 노동시장의 변화 사이의 어느 정도 가설적 수준이던 관계를 추정하는 데 구체적인 논거를 제공했다. 단지 기후변화가 개별 산업과 부문에 직접 영향을 미칠 뿐 아니라 규제적 제도와 수단들을 매개해 노동시장에 다양한 영향을 미칠 수 있다는 점, 소비자 행동 패턴도 중요한 변수가 된다는 분석은 아주 시의적절하다. 또한 토론에서도 지적된 것이지만, 이미 진행되고 있는 일자리 축소의 경우 그 원인이 환경 변화인지 아니면 기존의 지구화 추세인지는 구별해야 한다.

　　다음으로 노동시장이 국제적·국가적·지방적 수준으로 중층적으로 형성되어 있고, 각 수준의 정부 기능이 기후변화와 노동시장 관계에서 주요하게 작용할 수 있다는 분석이 여러 곳에서 제시됐다. 지구화가 불가피한 탈규제화, 탈국가화로 귀결되는 것이 아니라 국가와 지역 주체의 노력에 따라 상이한 결과를 낳을 수 있다는 점을 더욱 깊이 살펴봐야 한다. 또한 정부 조달과 투자 촉진 정책이 만들 수 있는 효과에 관한 사례를 더 많이 발굴해야 한다. 특히 캐나다 궤도 투자의 사례에서 보인 진보적 지방 정치 세력과 지방 정부, 노동조합의 공동 행동은 노동조합의 전략 수립에 관련해서도 시사적이다.

한편 녹색경제의 고용을 창출하는 잠재력은 충분하지만 그것이 좋은 일자리가 되리라는 보장은 없다. 그리고 기후변화와 노동시장에 관한 논의가 협소하게 일자리 문제로만 좁혀져서도 곤란하다. 사회적 지속 가능성, 인권, 복지, 문화, 공동체 등 다양한 사회적 차원들을 고려해야 한다. 일자리와 환경의 이항관계 설정은 한계를 갖는다.

기후변화 협약을 포함하는 국제적 조약, ILO 기본 협약 등의 활용 가능성이 얼마나 되는지, 기후변화 문제를 단체협약에 포함시킬 때 그 실효성의 조건은 무엇인지 하는 것은 앞으로 더 연구해야 한다. 조약 자체는 현장에서 무력한 경우가 많았기 때문이다. 또한 기후변화에 따른 노동력 이민의 문제, 젠더의 문제는 종종 언급되기는 하지만, 이 워크숍에서도 심도 있게 접근되지는 못한 것 같아 아쉬웠다.

FGTB

FGTB
FEDERATION GENERALE DU TRAVAIL DE BELGIQUE

LIEGE · HUY · WAREMME

벨기에 노조 리에주 지부 간판 아래에서.

4부

기후정의와
정의로운
전환을 위해,
연대하라

기후변화 협약 당사국 총회에서의 활동
은 환경정의 '기후정의청년단'이 없었다
면 불가능했을 것이다. 멀리 이국에서도
꿋꿋하게 정력적인 활동을 보여준 기후
정의청년단에게 감사의 말을 전한다. 또
한 현지에서 만난 외국의 모든 기후정의
활동가들, 특히 제3세계 활동가들에게도
연대의 말을 전한다.

미래 전쟁이 끝난 뒤 어느 시기. 무한하고 강력한 힘을 가진 태양 에너지를 차지하기 위해 인간들의 각축전이 벌어진다. 이미 지구상의 에너지 대부분을 소진해버려 태양 에너지가 절실히 필요하던 산업 세력은 지구상에 유일하게 남은 태양 에너지 전문가를 포섭하기 위해 납치·감금 등 폭력을 마다하지 않는다. 태양 에너지는 평화로운 인류의 미래를 위해 쓰여야 한다는 믿고 있는 사람들은 산업 세력에 저항한다. 산업 세력은 마지막까지 남은 에너지를 사용해가며 과거의 영광을 재연하기 위해 노력하지만, 끝내 착한 의지를 가진 사람들에 의해 스스로 붕괴된다. 그 뒤 사람들은 지각 변동의 결과 생긴 신천지에서 새로운 희망을 만들어 간다.

간명하면서도 지극히 도덕적인 이 얘기는 누군가가 기후변화와 에너지의 심각성을 보여주려고 만든 우화처럼 들린다. 일본 애니메이션의 대가 미야자키 하야오 감독이 1978년에 만든 TV 시리즈 〈미래소년 코난〉의 줄거리다. 어릴 적 인간의 한계를 너무도 인간적으로 뛰어넘는 코난을 보기 위해 줄곧 TV 앞을 서성이게 만들던 이 걸작 애니메이션이, 지금에 와서는 코난과 포비의 무용담보다 라나와 라오 박사의 슬픔에 더 동조하게 만든다. 그건 내가 생각할 게 많은 어른이 됐기 때문이 아니라 '코난의 시대'가 현실이 되고 있다는 공포에 다름 아니다.

이런 음울한 미래의 디스토피아에 관한 공포를 가진 사람이 나만은 아닐 것이다. 현대 문명의 과잉 생산·과잉 소비 시스템은 자원의 남용을 불러왔고, 남용된 자원은 인간이 통제할 수 없는 기후변화를 야기하고 있다. 기후변화에 관한 두려움과 걱정은 역설적으로 세계 각국이 머리를 맞대고 논의할 수 있는 자리를 마련하는 자양분이 됐다. 기후변화 협약이 바로 그것이다.

기후변화 협약 당사국 총회는 인류 최대의 실수가 될지도 모르는 지구 온난화를 막기 위한 전지구적 공동 노력을 논의하는 유일한 장소다. 기후변화의 절박함을 증명이라도 하듯 각국의 대표단들은 당사국 총회에 모이기만 하면 모두 한목소리로 기후변화는 인류 최대의 위기이며 조속히 대응하지 않으면 파국으로 치달을 것이라고 강조했다. 심지어 반기문 UN 총장은 2009년 연설을 통해 "올해 새로운 기후변화 협약 타결에 실패한다면 도덕적으로 용서받지 못할 것이며, 경제적으로는 근시안적 처사이고, 정치적으로도 현명하지 못한 행위"라는 섬뜩한 경고까지 내놓았다.

하지만 안타깝게도, 정말로 안타깝게도 당사국 총회는 인류의 이성과 윤리가 논리적으로 공유되고 서로 보듬는 장소가 아니다. 그동안 당사국 총회의 결정 사항이 지구 온도를 섭씨 0.1도라도 내리는 데 기여했다면 흔해 빠진 미사여구라는 걸 알면서도 박수 치는 데 인색하지 않았을 것이다. 전인류의 기대를 비웃기라도 하듯 당사국 총회는 언제나 우리를 배반했다. 그리고 이제는 더 물러날 곳 없는 궁지에 다다랐다.

오히려 당사국 총회의 의미는 세계 질서와 국가의 구조적 폭력에 억압받던 제3세계, 토착민, 노동자, 농민, 여성 등 사회적 약자에게서 찾을 수 있다. 그런 사람들은 자연과 조화롭게 살기, 사회 정의, 잘사는 삶living well에 기후변화를 해결할 수 있는 실마리가 있다고 믿고 있다. 당사국 총회가 자원 남용에 이은 '또 하나의 불편한 사기'라면 사회적 약자들이 만들어가는 당사국 총회는 '즐거운 불편'쯤 되지 않을까.

이제 시작되는 얘기는 2005년부터 2009년까지 다섯 번의 기후변화 협약 당사국 총회에서 일어난 성장의(또는 퇴보의) 기록이다. 기후변화 협약 당사국 총회가 중요한 이유는 기후변화에 관한 모든 문제의식이 집결되는 절망과 희망의 도가니가 바로 그곳이기 때문이다.

세상을 바꾸는 힘, 정치 혹은 민중
― 동토의 나라에 지구 온난화를 논하러 가다

이진우

일정   2005년 11월 28일~12월 9일

장소   캐나다 몬트리올

참여   이진우, 조보영(환경정의)

Canada

북극곰이 산다는 얼음의 나라, 아이스하키가 축구보다 인기 있다는 나라. 우리에게 12월의 캐나다란 눈과 얼음으로 가득한 설국雪國이었다. 그래서 한겨울 얼음의 나라에서 지구 온난화를 논의하는 당사국 총회에 참석한다는 것이 조금 어색했는지도 모르겠다. '기후정의청년단'이라는 이름으로 대학생 아홉 명을 이끌고 가면서도 비행 내내 지구 온난화와 캐나다의 이질적 이미지가 자꾸 겹쳐졌다. 불안한 예감은 틀리는 적이 없다고 했던가. 비행기를 갈아타려고 밴쿠버 공항에 내릴 때부터 당사국 총회를 향한 우리의 여정은 꼬여가기만 했다.

몬트리올로 가려면 밴쿠버에서 내려 국내 항공으로 비행기를 갈아타야 했다. 경유 시간이 두 시간뿐이라 조금 부족하겠다고 생각하고 있었는데, 아니나 다를까 출발 시간은 임박했는데 입국 심사대 앞에 선 줄은 까마득하다. 다급한 마음에 입국 심사대 직원에게 문의하니 "너희들이 다 탈 때까지 비행기는 뜨지 않을 것이니 가서 줄이나 서라"며 투박하게 일러주었다. 하지만 나중에 알고 보니 비행기는 정시에 떠났다. 게다가 더 당황스러운 것은 입국 목적을 말할 때 '기후정의청년단' 중 몇몇이 환경단체 활동가라고 소개를 했더니 따로 불러서 추가로 입국 심사를 한 것이었다. NGO 활동가였기 때문인지 아니면 영어가 미숙한 유색인종이기 때문인지 끝내 알 수는 없었지만, 공항 직원들의 고압적인 태도에 시달리다 입국 허가가 떨어진 시간은 몬트리올로 가는 비행기가 떠난 지 한 시간이나 지난 뒤였다. 예정된 시간에 타지 않았기 때문이라고 우기는 항공사와 옥신각신한 끝에 우리는 토론토를 경유해 몬트리올에 새벽에 도착하는 비행편을 구할 수 있었다.

예정보다 열 시간 이상 늦은 1일 오전 아홉시에 간신히 숙소에 도착했다. 몬트리올 시내에서 기후변화 협약 당사국 총회 포스터와 환영

인사(당사국 총회는 총회장 입장 자격이 있는 사람만도 연인원 1~2만 명이 등록하는 대규모 국제 회의다. 15차 코펜하겐 회의 때는 약 5만 명이 입장 등록을 하기도 했다)를 어렵잖게 볼 수 있었지만 이미 차별을 당했다는 마음에 활동이 순탄치만은 않겠다는 생각이 들었다. 길고 긴 비행 시간 동안 머리를 맴돌던 이질감은 그렇게 현실화되고 있었다.

지구의 미래가 우리의 미래

당사국 총회의 도드라진 특징 중 하나는 각국의 정부 대표단이 있는 국제 협상 과정이라는 조금 폐쇄적인 성격을 갖고 있는데도 청년 계층의 참여가 높다는 점이다. 이미 네덜란드 헤이그에서 열린 6차 총회 때부터 세계 각국의 청년층은 그룹을 만들어 지속적으로 참여하고 있었고, 환경단체들과 협력해 다양한 이벤트를 열고 성명서를 배포해왔다. 세계 각지에서 모인 청년층의 활동은 몬트리올에서 본격적으로 폭발하기 시작했다. 약 100여 명으로 구성된 청년 그룹은 몬트리올 총회 전까지 이미 미래 세대의 권리와 지구 대기 보호를 위한 선언문 세 개를 발표했고, 몬트리올 총회가 열리기 바로 직전에도 '세계 청년 정상 회담'을 개최해 공동 선언문을 준비했다.

회의 둘째 날에 발표한 선언문은 미래 세대의 환경권을 담보로 협상을 하게 될 정부 대표단에게 그들의 목소리를 전달하기 위해 UN 각료 회의에 제출됐다. 청년들의 성명서는 청년 그룹에게 환경단체나 기업처럼 UN이 공식적인 활동 지위를 보장할 것과 시장 메커니즘에 관한 반대, 식량과 물의 안정성 확보, 지속 가능한 주제에 관한 다양한 교육적 접근 실행 등의 내용이 담겼다. 가장 놀라운 것은 선진국들이 2020년까지 배출량의 30퍼센트, 2050년까지는 80퍼센트를 감축하라고 요구한 부

2005년 몬트리올 총회에 참가한 환경정의 기후정의청년단 3기. 기후변화에 큰 관심이 없던 학생들이었지만, 몬트리올 총회 이후 지금은 상당수가 환경 활동가나 환경 컨설팅 업체 등 기후변화 관련 일을 하고 있다.

분이다. IPCC가 과학적 근거를 기반으로 근사한 수준의 감축량을 제안한 게 2007년이었고, 몬트리올 총회가 2005년이었다는 것을 감안하면, 청년 그룹의 전문성과 혜안이 그저 놀라울 따름이다.

기후정의청년단 역시 역동적인 청년 그룹의 활동에 화답하고 나섰다. 도착이 조금 늦어 청년 그룹의 성명에는 동참하지 못했지만, 미국과 한국, 일본, 중국, 인도, 호주 등 여섯 개 국가가 기후변화 협약과 별도로 기후변화 문제를 기술적으로 해결하기 위해 만든 '청정 개발과 기후에 관한 아시아태평양 6개국 파트너십APP6, Asia Pacific Partnership on Clean Development and Climate'에 맞서 반발 기자회견을 진행한 것이다. APP6는 국내외 환경단체들에게 미국이 교토 의정서를 무력화하기 위해 만든 것(미국은 2010년 현재까지도 교토 의정서를 비준하지 않고 있다)이라는 비판을 받아왔다. 그린피스 청년 그룹, 국제 기후행동 네트워크, 기후정의청년단 등 여섯 개 국가의 청년들이 자국이 포함된 '아태 지역 파트너십'은 '화석연료 협정Coal Pact'에 불과하다며, 대신 자신들이 맺는 '아태 지역 청년 기후 협정Asia-Pacific Youth Climate Pact'처럼 각국 정부가 좀더 적극적이고 전환적인 기후 정책을 펴달라고 요구한 것이다. 총회장 안 브리핑 룸에서 열린 '아태 지역 청년 기후 협정' 기자회견은 각국의 기후변화 상황에 관한 각국 청년 대표의 연설이 끝나고 대형 협정문 판에 사인을 하는 형식으로 진행됐다. 각국 청년 대표가 대형 협정문에 사인을 할 때마다 환호성이 터졌다. 기후정의청년단을 포함, 기자회견을 주도한 청년 그룹은 앞으로 각국에서 벌일 활동 계획을 발표하고, 지속적인 연대를 통해 APP6 철회 운동뿐만 아니라 기후 문제를 해결하기 위해 지속적인 연대를 하기로 했다. 기자회견장에서 발표된 성명서는 다음날, 몬트리올 총회의 NGO 소식지 중 하나인 《빙산의 정상Tip of the Iceberg》의 헤드라인을 장식하며 총회장에 배포됐다.

의심스러운 '아태 지역 파트너십'

지난여름 중국, 인도, 일본, 한국, 호주, 미국은 청정 개발과 기후 보호를 위한 아태 지역 파트너십을 체결했다. 모두 잘 알고 있다시피, '화석연료 협정'이라고 불릴 만한 이 파트너십은 해당 국가들 사이에서 온실가스 배출량 감축을 위한 기술 개발과 기술 이전에 초점이 맞춰져 있다. 파트너십 참여 국가들은 이 파트너십이 기후변화 협약을 보완하기 위한 것이지 결코 기후변화 협약을 대체하거나 위태롭게 하지 않을 것이고, 또 경쟁할 의사도 없음을 밝혔지만 우리는 그렇게 생각하지 않는다. 제11차 기후변화 협약 당사국 총회장에 모인 아시아태평양 지역 청년들은 우리가 새로 맺은 '아태 지역 청년 기후 협정'을 통해 보여주는 방식대로 우리의 리더들이 더 적극적인 기후 보호 정책을 펴줄 것을 요구한다.

아태 지역 청년 기후 협정

'아태 지역 파트너십' 참여 국가의 청년들인 우리는 '우리 공동의 미래'를 보호하기 위해 여기 몬트리올에 모였다. 우리의 경제와 가정, 환경과 생활은 모두 기후변화에 심각한 영향을 받을 것이다.

우리는 이미 우리의 사회와 대학 안에서 청정 에너지 창출을 유도하고 있으며, 지역 사회와 각 학교에서 기후정의 운동을 진행하고 있다. 우리의 정부들은 우리가 선도하고 있는 것에 동참해야만 한다.

우리는 전지구적 문제를 나누어 해결하고, 제도적으로 규정하는 유일한 기구인 UN이 기후변화를 막기 위한 대응 논의를 하고 있다는 것을 잘 인식하고 있다. 하지만 전세계에서 가장 큰 화석연료 수출 당사자이자 사용자인 6개국이 맺은 '아태 지역 파트너십'은 명확하지도 않고, 법적 강제성도, 배출량 감축에 관한 내용도 없다. 이 '화석연료 협정'은 교토 의정서가 제 기능을 발휘하는 데 영향을 줄 뿐만 아니라 UN 체제 아래의 각국 활동을 대체해서도 안 된다.

우리는 우리와 더 나아가 미래 세대를 위협하는 온실가스의 감축을 위해 명확하고 차별적인 목표를 설정할 것을 요구한다. 하지만 우리의 미래가 더이상 기대할 것도 없는 정부간 협상 테이블에 놓여 져 있다.

또한 우리는 우리의 정부들에게 교토 의정서에 집중할 것을 요구한다. 우리는 우리의 의견을 관철시키기 위해 전세계적인 연대 활동을 벌일 것을 맹세한다. 그 내용은 다음과 같다.

호주 청년단 2008년까지 10여 개 대학의 에너지를 청정 에너지로 바꿀 것을 맹세한다. 또한 화석연료 유관 산업에 대항하는 지속적인 운동을 벌일 것이다.

중국 청년단 에너지 효율성이 높은 경제·사회 구조가 정착될 수 있도록 선도할 것이다.

인도 청년단 2008년까지 인도에서 가장 인구가 많은 대도시 다섯 개 안의 대학 캠퍼스에 풀뿌리 운동이 생기고, 국가적으로 더 나은 에너지 정책이 나올 수 있게 활동할 것이다.

일본 청년단 적극적인 시민 홍보 활동을 진행하기 위해 네트워크를 구성하고, 모든 초등학교에서 환경 교육이 실시될 수 있도록 노력할 것이다.

아태 지역 청년 기후 협정 기자회견 뒤 찍은 단체 사진. 6개국의 젊은이들이 자국 정부들이 맺은 협정을 비판하며 대안 협정을 체결한 것은 기후변화 운동사에 일대 사건으로 기록될 만한 일이다.

한국 청년단 에너지 절약을 위한 시민 홍보 활동과 적극적인 기후변화 대응 정책을 요구하는 캠페인을 벌일 것이다.

미국 청년단 2008년까지, 대학 캠퍼스의 에너지 효율성 제고, 청정 에너지 개발 유도, 지속 가능한 운송 수단 설치, 수백만 명의 학생 교육 등의 내용을 담은 '기후 도전 프로젝트'를 만들 것이다. 본 프로젝트에는 500여 개 캠퍼스의 학생과 교수, 직원들이 참여하게 될 것이다.

본 협정은 2005년 12월 7일 제11차 당사국 총회가 열리고 있는 몬트리올에서 체결되었다.

아시아 태평양 지역 **청년단**

몬트리올 총회의 가장 중요한 의제는 2012년 이후 온실가스 감축 체제를 위한 논의 과정을 합의하는 것이었다. 당사국 총회가 열린 2005년 초에 교토 의정서가 공식 발효됐지만, 교토 의정서는 2012년에 효력이 만료되기 때문에 몬트리올 총회는 그 이후를 준비하는 회의의 성격을 가지고 있었다. 게다가 미국이나 호주 등 온실가스 다배출 국가의 불참과 실제 온실가스 감축 총량을 약화시키는 제도적 장치 때문에 교토 의정서는 이미 걸레조각처럼 돼버린 지 오래라서 '포스트 2012' 또는 '포스트 교토'라고 불리는 강화된 체제를 구축하는 건 모든 인류의 숙제였다.

하지만 논의는 예상대로 초반부터 난항에 난항을 거듭했다. 의장국인 캐나다가 선진국의 추가 감축 의무 규정과 개도국이 참여하는 협의체 두 개를 동시에 출범시킬 것을 제안했지만, 미국과 사우디아라비아, 인도 등 전통적으로 교토 의정서의 영향력이 약화되기를 원하는 국가들이 갖은 이유를 들며 회의를 지연시키고 있었다. 덕분에 미국과 사우디아라비아는 NGO들이 매일 선정하는 '오늘의 화석상'에 여러 차례 선정되기도 했다. 개도국들은 재정, 기술 지원 내용이 포함된 협의체 구성을 원했고, EU와 일본은 개도국들에게도 감축 의무를 부과하기 위해 통일된 논의가 필요하다는 태도를 보였다. NGO들은 협의체도 구성하지 못하는 각국 정부 대표단을 강하게 비판하며 하루에도 수 건의 성명서를 배포하고 집회를 진행했다. 하지만 회의 마지막 날까지도 합의의 탈출구는 보이지 않았다. 일찌감치 회의 실패를 직감하고 철수해버린 전시 부스들과 어지럽게 날리는 각종 성명서들이 더욱 을씨년스러운 풍경을 연출했다. 주회의장에서는 미국 등 일부 선진국과 산유국 장관들이 연설을 할 때마다 참가자들의 야유가 난무했지만, 미국 대표인 폴라 도브리안 스키 국무차관은 기후변화 협약을 통해 어떤 협상도 하지 않겠다고 해서 참가자들의 애간장을 태웠다. 2주간의 정부간 협상도, 몸을 얼어붙게 만들던 한겨울에 4만 명이 동참한 거리 행진도, 전세계 수십 개 국가에서 열린 동시 집회도 모두 무의미하게 끝날 판이었다. 그런데 의외의 곳에서 상황이 반전됐다. 빌 클린턴 미국 전 대통령이 회의 마지막 날 미국에서 급하게 넘어온 것이다.

교토 의정서 체결에 적극적이던 클린턴 행정부는 석유 카르텔을 등에 업고 새롭게 등장한 부시 정권을 처음부터 탐탁하지 않게 생각했다. 기후변화가 날로 심각해지는 상황에서 하루라도 빨리 대처하는 게 중요하다고 판단했기 때문에 교토 의정서 탈퇴를 선언한 부시 정권이 마뜩찮았을 것이다. 그게 미국의 헤게모니를 유지하기 위한 방법이었건, 정말로 기후변화를 막기 위한 착한 의지에서 비롯됐건 간에 빌 클린턴과 부시는 기후변화에 관해 날카로운 각을 세우고 있었다. 빌 클린턴 전 미국 대통령은 캐나다를 방문하기 전에 이미 부시 대통령에게 교토 의정서 비준을 촉구하는 내용의 서한을 보냈고, UN과 당사국들의 동의를 얻어 협상 타결을 촉구하기 위한 연설을 할 시간을 갖게 됐다. 빌 클린턴이 연설한다는 소식이 전해지자 주회의장은 발 디딜 틈도 없이 빼곡히 가득 찼다. 그리고 '포스트 2012' 논의의 중요성을 강조하고 각국이 지금 당장 협의체 구성에 동의해야 한다는 연설이 진행되자 끊임없이 박수가 터져 나왔다. 박수가 너무 커 연설을 중단해야 할 정도였다. 결국 연설이 끝나고 각국 정부 대표단은 새벽까지 추가 협상을 벌여 선진국의 추가 감축을 논의하는 협의체와 개발도상국을 포함해 전지구적 공동 노력을 논의하는 협의체 구성에 합의했다. 조금 복잡한 마음이었다.

국제 공동 행동의 날에 기후변화를 해결하라는 대형 부채를 들고 행진하고 있는 기후정의청년단. 4만 명이 모인 몬트리올 행진에서도 유독 눈에 띄는 퍼포먼스로, 외국 통신사에 여러 차례 소개됐다.

결국 기후변화는 정치놀음이라는 어느 외국 NGO 활동가의 푸념이 생각났다. 만약 합의를 하게 한 힘이 정치인이 아니고, 빛나는 활동을 보인 청년 그룹이나 NGO, 4만 명의 몬트리올 시민을 포함한 전세계 민중이었다면 어땠을까? 기후변화를 일으킨 것 역시 정치였을 텐데 해결할 수 없는 힘 역시 정치에 있다면, 이건 너무나 폐쇄적인 구조가 아닐 수 없다. 물론 합의를 이끌어내는 데는 빌 클린턴이나 각국 정부 대표단의 힘뿐 아니라 민중의 염원 역시 반영됐겠지만, 이때까지만 해도 기후변화 협약 당사국 총회는 '자기들만의 리그'에 불과했다. 몬트리올 총회는 그런 식으로 막을 내렸다.

기억하라, 후회는 언제나 늦다
― 불모의 땅, 아프리카

이진우

일정	2006년 11월 6~17일
장소	케냐 나이로비
참여	이진우(환경정의)

Kenya

우리는 흔히 개발되지 않은 땅을 불모지라고 부른다. 개발이라는 개념에는 현대 기계 문명이 전제로 깔려 있기도 하다. 그래서 자연 상태인 땅을 불모지라고 부르는 경우가 종종 있다. 하지만 사전에 따르면 땅이 메말라서 농작물이 잘 자랄 수 없는 곳을 뜻한다. 아프리카는 그런 땅이다. 개발이 되지 않아서 그런 게 아니라 땅 자체가 버려졌기 때문이다.

아프리카 상공을 날고 있을 때 창밖으로 보인 풍경은 당황스러울 정도로 넓은 황무지였다. 아프리카 대륙에서 열리는 두 번째 당사국 총회였지만, 첫 번째 개최지는 지중해를 끼고 있는 모로코였기 때문에 사실상 나이로비 총회가 기후변화 최전선에 있는 아프리카에서 처음 열린 회의라고 할 수 있었다. 절박한 사람들의 절박한 대륙이니만큼 이번 총회에 기대하는 것 역시 여느 때와 달랐다. 기후변화에 따른 불평등 문제를 집중 지적하는 '기후정의' 문제가 본격적으로 이슈가 될 수 있는 기회였기 때문이다.

나이로비에서 받은 강렬한 첫인상은 거리의 쓰레기통이었다. 비행편과 숙소를 마련해준 여행사가 치안이 좋지 않아 현지인들조차 오후 여섯시 이후에는 문밖 출입을 삼간다며 신신당부해둔 터였다. 올림픽 공원이나 남산 공원 정도 되는 나이로비의 넓은 풀밭 곳곳에 놓인 쓰레기통에는 모두 '강간은 이제 그만!No More Rape'이라는 서글픈 포스터가 붙어 있었다. 길고 긴 식민지 시대를 거쳐 어렵게 독립국을 세웠는데 아직도 공공연하게 성폭행 퇴치 캠페인을 벌여야 할 정도로 치안이 불안하다는 건 분명 서글픈 일이었다. 어떤 이는 이명박 정부에서 국방부 장관 자리에 올라 장수하고 있는 아무개처럼 '미개한 흑인' 운운할지 모르겠지만, 그건 식민지 시절의 유산이기도 하다. 긴 세월 착취만 당하며 독자적인 발전 가능성을 차단당한 아프리카인에게 만약 자유가 주어졌다면 상황

나이로비 총회가 열린 UNON의 주 출입구. UNON은 전경 사진 찍는 게 불가능한 정도로 넓다. 각국의 국기들이 민중과
괴리된 당사국 총회의 현실을 상징하는 듯하다.

은 분명 달라졌을 것이기 때문이다. 아프리카에 있는 수많은 군부가 과연 누구의 지원을 받아 유지되고 있으며, 민주주의가 처참하게 유린당하고 있는 건 과연 누구의 이익 때문일까. 황량한 대륙의 현실처럼 황량하기만 한 아프리카의 민주주의는 기후변화의 원인이 불합리한 지배 구조에 있다는 기후정의식 인식에 맞닿아 있다.

해발 1676미터 고원에 있어 고산병을 일으키는데다가 건조한 기후로 텁텁한 날씨 속에서 나이로비 총회가 시작됐다. 하지만 처음부터 마음이 편치 않았다. 비행기에서 본 풍경하고는 다르게 유엔 헤비타트, 유엔환경계획 등이 운집한 UNON^{UN Office at Nairobi}(유엔 나이로비 사무실)은 한국에서도 찾아보기 힘들 정도로 잘 정돈되어 있는 장소였기 때문이다. 너른 녹지와 수많은 조형물, 에어컨이 쉴 새 없이 돌아가는 회의장과 사무실, 하늘 높이 펄럭이는 깃발들, 긴 철조망 담장을 무장 경찰이 지키는 지역은 성폭행 퇴치 포스터가 붙어 있던 나이로비 시내와 물적·심적으로 완벽하게 격리된 공간이었다. 이것은 기후변화 국제 협상과 민중의 거리이기도 할 것이다.

기후협상, 길 위에서 길을 잃다

지난 몬트리올 총회에서 '포스트 2012' 협의체 구성이 합의돼 나이로비 총회는 2주 동안 여섯 개의 공식 회의가 진행되는 강행군이었다. 게다가 나이로비 시내의 치안 문제가 아주 불안정하다는 이유로 모든 회의의 종료 시간을 오후 여섯시로 제한해서 시간이 부족해 협상이 많이 진전되기는 힘들 것이라는 시각이 지배적이었다. 게다가 몬트리올 총회에서 교토 의정서 1차 의무 감축 기간 시작 연도인 2008년까지 모든 논의를 마치자는 암묵적인 합의가 있었지만, 세계 최다 이산화탄소 배출국인 미국과 다배출 개발도상국인 중국, 인도 등이 의무 감축에 동참하지 않으면 지구 온난화를 막을 수 없다는 이유로 2010년 이후까지 논의가 늦춰질 수도 있다는 의견이 받아들여지면서 큰 쟁점이 사라진 당사국 총회로 인식되고 있었다.

그래서였는지 주요 협상 테이블에서는 자국 이기주의에 기반을 둔 각국의 의견과 요구만 남발됐고, 회의는 아무런 성과 없이 이어졌다. 선진국과 개발도상국들은 기후변화에 관한 책임 공방을 거듭하며 평행선을 달렸고, 기후변화에 관한 인식은 공유하되 책임은 누구도 질 수 없다는 어처구니없는 상황이 계속되고 있던 것이다. 그러자 환경단체들의 연합체인 CAN은 기후변화에 더 많은 책임을 져야 할 선진국들이 개발도상국이 의무 감축에 참여해야 기후변화를 막을 수 있다는 미명 아래 자신들의 책임을 방기하고 있다고 비판하고 나섰다. 하지만 그 와중에 반가운 소식이 전해졌다. 이행부속기구^{SBI} 회의에서 개발도상국들이 기후변화에 적응할 수 있도록 재정 지원을 해주는 적응기금^{AF, Adaptation Fund}을 창설해 운영하기로 한 것이다. 적응 기금은 기후변화로 이미 실질적인 피해를 받고 있던 개발도상국들의 오랜 숙원이기도 한데, 덕분에 기후변화로 더 많은 피해를 받고 있는 국가들을 지원할 수 있게 돼 그나마 나이로비 총회가 거둔 유일한 성과로 꼽히고 있다.

한편 총회 기간 동안 미국에서 벌어진 중간 선거에서 민주당이 상하원을 장악했다는 소식이 전해지면서 큰 화제를 낳았다. 민주당이 의회를 장악하면 부시 정권의 반환경 정책에 제동이 걸릴 것으로 예상하는 시각이 많았기 때문이다. 선거 결과가 전해지자 각국 환경단체들은 여태껏 교토 의정서조차 비준하지 않았을 정도로 기후변화 대응에 소극적인 미국이 변화할 것이라며 기대 어린 환영 논평을 내기 시작했고, 각국의

조지 부시 당시 미국 대통령을 현상수배한다는 포스터를 들고 캠페인을 벌이고 있는 아프리카 NGO 활동가들. 그 사람들에게 선진국은 자신을 위협하는 범죄자에 지나지 않았다.

협상단은 선거 결과가 기후변화 협상에 끼칠 영향을 계산하며 술렁였다.

하지만 정말 순진한 생각이었다. 저 멀리 미국에서 벌어진 중간 선거 결과야 어떻든 간에 이미 각국이 방침을 정해 놓고 진행하고 있던 총회는 전혀 진전될 기미가 없었기 때문이다. 교토 의정서 3조 9항에는 부속서1ANNEX I 국가들의 1차 공약 기간 이후의 감축 의무 논의가 1차 감축 기간이 종료되는 시점(2012년)보다 적어도 7년 전에는 시작해야 한다고 규정돼 있다. 2006년은 바로 그 논의가 시작되는 시점이었는데도 처음부터 회의가 삐꺼덕거리기 시작한 것이다.

'포스트 2012' 체제는 지구 온난화를 실질적으로 완화시킬 수 있는 감축량이 도출되어야 하므로 아주 거칠고 논쟁적인 회의가 될 게 분명했다. 그런데도 본격적인 논의는 해보기도 전에 신경전 성격의 공방만 벌이고 있다는 것은 험난한 여정을 예고하는 것이나 마찬가지였다. 목적지를 잃은 여정은 고단하다. 하지만 더 고단한 건 목적지가 있는데도 발걸음을 옮기지 못하는 것이다. 목적지를 뻔히 알고 있는데도 길을 잃는다는 건, 그것 자체만으로도 충분히 의도적이 아닐까. 나이로비 총회가 공전하면서 1차 감축 기간과 '포스트 2012' 체제 사이에 시간적 공백이 발생할 가능성은 한층 높아졌다. 하지만 기후변화에는 공백이 없다.

지금 우리에게 필요한 건 '인식'이 아니라 '행동'

전세계인의 이목을 집중시킨 '스턴 보고서Stern Review'가 나이로비 총회에서 공식 발표됐다. 스턴 보고서는 기후변화가 경제에 미치는 영향을 주제로 작성된 보고서로, 기후변화에 따른 경제적 피해를 계산한 첫 번째 보고서라는 평가를 받고 있었다. '스턴 보고서'의 내용이 충격적이라는 소식을 접한 참가자들이 대거 몰려들어 주회의장보다 세미나가 열린 회의장에 사람이 더 많았을 정도였다.

스턴은 "기후변화가 어떤 결과를 가져올 것인가", "외부적으로 어떤 비용이 발생될 것인가", "가장 효율적이고 공평한 방법을 통해 어떻게 정책을 적용할 것인가" 등 세 가지 질문에 초점을 맞춰 분석을 시도했다고 밝혔다. 주요 저자인 니콜라스 스턴Nicholas Stern은 "기후 안정화를 위해 지금 시점에서 적극적으로 기후변화에 대응할 경우 2050년까지 전세계 GDP의 1퍼센트만이 소요되겠지만, 그렇지 않을 경우 기후변화에 따른 피해들에 전세계 GDP의 5~20퍼센트 정도가 쓰여 경제적 공황 상태에 이르게 될 것"이라며, "두 번의 대전과 20세기 초의 공황을 합친 것보다 더 큰 피해가 될 것"이라고 엄중 경고했다.

기후 안정화를 위해서는 최소한 대기 중 이산화탄소 농도가 450~550피피엠으로 안정화돼야 하는데, 이것보다 이산화탄소 농도가 높아질 경우 아주 좋지 않은 결과가 생긴다는 것이다. 보고서에 따르면 기후변화로 전세계 인구의 6분의 1이 생존의 위험을 받게 되고, 생물종의 40퍼센트 가량이 멸종된다. 하지만 현재 배출량 추이를 보면 450피피엠으로 유지하기가 아주 어렵다면서, 현재 의무 감축을 하지 않고 있는 국가들을 포함해 획기적인 배출량 감축이 필요하다고 주장했다.

이런 암울한 경고가 나왔는데도 정부 대표단은 "온실가스 안정화를 위해 현재 수준의 절반 이하로 온실가스를 감축해야 한다는 것을 '인식'한다는 것으로 회의를 종료했다. 하지만 우리에게 필요한 건 지구 온난화를 막기 위한 '인식'이 아니고 '행동'이었다. 이미 숱한 보고서를 통해 산업사회가 현재의 기후변화를 가져온 것이 증명됐고, 50퍼센트 이상의 온실가스가 감축돼야 한다는 것 역시 모두 알고 있는 사실이다.

아주 기초적인 사실 확인을 위해 매년 당사국 총회에 모이고 있는 게 아니라면 각국 협상단에게 대체 어떤 논의를 진행했는지 묻고 싶었다. 덴마크의 환경장관인 코니 헤데가르트^{Connie Hedegaard}가 장관 연설을 통해 우리에게는 "기후변화를 막을 수 있는 기술과 자세가 모두 돼 있지만 정치적 의지만 없다"고 일갈한 건 지지부진한 협상을 반성한 것이었다. 기후변화는 미래의 문제가 아니라 현재의 문제이기 때문이다. 당사국 총회가 아무런 성과 없이 끝나자 한 여성 활동가가 총회 연설을 통해 각국 협상단을 꾸짖던 말이 귓가를 떠나지 않는다.

"당신들은 뭐 하러 케냐까지 왔는가? 사파리를 즐기러 왔는가?"

'아프리카'라는, 쉬이 뇌리에서 잊힐 수 없는 장소의 특수성에도 회의는 성과 없이 끝났다. 그러나 전세계 NGO들에게 아프리카는 우리가 어디로 가야 하고, 왜 기후변화를 논의하고 있는지를 여실히 공유할 수 있는 계기가 됐다.

총회가 열리는 첫 번째 주 토요일에는 전세계 수십여 개 국가에서 동시에 기후변화 국제 공동 행동의 날 캠페인을 벌이는데, 당사국 총회 개최지가 그 메인 행사장이다. 국제 공동 행동의 날 거리 행진이 있던 날에는 아침부터 추적추적 비가 내리기 시작했다. 가는 날이 장날이라더니 며칠 잠잠하던 비가 하필이면 행진이 있는 날 아침부터 적잖게 쏟아지고 있었다. 이른 아침부터 고생스럽게 집결 장소가 있는 나이로비 중앙공원으로 나갔지만, 오전 여덟시 집합 시점을 넘겨 행진이 시작되는 아홉시에도 어림해서 100명 남짓의 사람밖에 보이지 않았다. 4만 명이 모인 몬트리올 행진에 견주면 크게 실망스러운 숫자였다. 하지만 간절한 기대는 현실로 변한다고 했던가. 줄곧 굵은 비가 내리고 있는데도 행진에 참여하기 위해 사람들이 속속 모여들었다. 특히 초등학생들로 보이는 현지 어린이들이 도착했을 때 이미 사람은 천 명을 넘어서고 있었고, 본격적인 행진이 시작될 때는 수천 명의 사람이 모여들었다.

궂은 날씨에다 신발이 온통 흙투성이가 될 정도로 길이 질척거렸지만, 기후변화를 막아야 한다는 목소리를 전하기 위해 대규모 거리 행진이 시작됐다. 아프리카 현지 단체들을 필두로, 학생, 악단, 총회에 참가한 환경단체, 일반 시민이 나이로비 중심가를 돌며 쉴 새 없이 구호를 외치고, 사람들에게 기후변화를 막기 위한 활동에 동참하자고 요구했다.

언제나 NGO 거리 행진에는 세계 각국에서 모인 다양한 사람들과 피켓이 등장했지만, 이번에는 전통적 삶의 방식을 그대로 간직하며 살고 있는 마사이족이 대거 집회에 참여한 게 특히 눈길을 끌었다. 이제 우리에게는 밑창 둥그런 신발의 모델로 더 익숙하지만, 마사이족은 'Stop Climate Chaos', 'Stop Climate Injustice'라는 피켓을 들고 있었다. 지구 온난화로 삶의 터전이 송두리째 사라지고, 이제는 생존권마저 위협받고 있는 이 현실이 얼마나 부정의하고 어리석은 일인지를 알리기 위한 것이었다. 다리가 불편해 목발에 의지한 마사이족도 상당히 많았지만, 두 시간 남짓 진행된 거리 행진에 끝까지 참여하며 기후변화 문제가 제3세계 국가의 민중에게 더욱 혹독한 문제라는 사실을 알렸다.

이것은 기후 문제가 이제는 단순히 환경 파괴 문제를 넘어서 누군가에게는 생존의 문제이고, 누군가에게는 불공평하고 제도적인 폭력이라는 것을 말해준다. 마사이족과 아프리카 현지인들의 간절한 주장은 즉각적이고 정의로운 해결 방법이 필요하다는 기후정의 문제를 새삼 느끼게 해주기에 충분했다.

아프리카에는 기후변화에 적응할 수 있는 지원이 절실하다. 기후변화에 적응하는 것과 선진국들의 지원은 마사이족만의 문제는 아니다. 아프리카 사람들은 지구 온난화에 책임은 거의 없으면서 동남아시아 사람들과 함께 기근과 가뭄과 홍수 등으로 가장 많은 피해를 받고 있다. 당사국 총회가 아프리카에서 열린 건 대륙 순환 개최 원칙 때문이지만, 아프리카는 기후정의 문제를 본격적이고 가시적으로 전달할 수 있는 땅이라는 점에서 더 소중한 사건이다.

거리 행진이 끝나고도 행사는 계속 이어졌다. 아프리카 NGO들이 준비한 다양한 문화 공연과 각국 협상단을 향한 규탄 발언이 이어졌다. 하지만 단연 압권이던 것은 자기들은 아무것도 하지 않았지만 기후

"아이들의 미래는 어디로?" 케냐의 어린 학생들이 자신들의 미래를 지켜달라는 캠페인을 진행하고 있다. 이 아이들이 지금까지 배운 '미래'란 암울한 디스토피아다.

변화에 따른 피해와 과도한 책임을 지게 된 미래 세대들, 어린 학생들의 공연이었다. 수백 명의 어린 학생들이 합창을 통해 아프리카가 얼마나 아름다운 땅인지, 그리고 기후변화로 얼마나 많은 피해를 받고 있는지, 그래서 지금 당장 우리가 해야 하는 것이 무엇인지를 알리면서 집회는 정점에 다다랐다.

　　기후변화의 문제는 세대 내 기후 부정의의 문제이자, 세대 간 기후 부정의의 문제이기도 하다. 갈수록 가속화되는 지구 온난화의 성질을 이해한다면 우리의 미래 세대가 전 세대의 만행에 난도질당한 세대로 역사에 기록될지도 모른다는 점을 두려워해야 한다. 함께 간 기후정의청년단도 '우리의 미래를 도적질 하지 말라^{Do Not Snatch Our Future Away}'고 적은 알록달록한 우산을 들고 행진했다.

국제 공동 행동의 날에 참여한 마사이족이 '기후 부정의를 멈춰라'라고 쓴 종이 피켓을 들고 있다. 나이로비 국제 공동 행동의 날 캠페인에는 마사이족을 포함한 많은 아프리카 소수 민족이 참여했다.

해마다 진행되는 국제 공동 행동의 날 거리 행진은 참가자들이 자위하기 위한 것도 아니고, 언론에 집회가 있었다는 단신을 싣기 위한 것도 아니다. 민중은 민중의 요구가 옳다는 걸 믿는다. 그래서 우리의 목소리는 스스로 소중하다.

우리 공동의 미래를 위해
— 신이여, 발리를 구원하소서

이진우

일정 2007년 12월 3~14일

장소 인도네시아 발리

참여 이진우, 조보영(환경정의), 이정필(민주노동당)

ndonesia

2007년 발리 당사국 총회는 몇 가지 점에서 내게는 큰 의미가 있었다. 첫째, 그간 개별 환경단체 자격으로 참가한 총회에 이번에는 많은 환경 단체와 진보정당, 노동조합, 지방 의제 등 다양한 주체들이 공동 대응단을 꾸려 참가했다는 점이다. 많은 역사가 그러했듯 애초 시작은 조그마한 술자리에서 비롯됐다. 환경정의와 민주노동당, 녹색연합, 환경운동연합 등은 북한에 재생 가능 에너지 설비를 보내는 캠페인을 기획하고 있었는데, 회의가 끝나고 길가 편의점 벤치에서 캔맥주를 비우며 무심코 "이번 총회는 정말 중요하기 때문에 되도록 많은 사람이 갔으면 좋겠다"고 던진 제안을 이강준 당시 민주노동당 정책위원이 덜컥 받아들인 것이다. 추진력 좋은 사람과 일을 한다는 게 그다지 좋은 일만은 아니라는 걸 그때 처음 알게 됐다. 몇 개 단체의 의기투합에서 시작된 일이 참여 단체가 점점 늘고 간사까지 맡게 되면서 업무량이 폭증했기 때문이다.

둘째, 총회가 인도네시아에서 열리기 때문에 케냐에 이어 기후정의가 2년 연속 가장 중요한 이슈로 등장할 거라는 점이었다. 개인적으로 기후정의는 기후 문제에서 가장 큰 관심사였기 때문에 아프리카와 유럽 NGO가 주축이 된 케냐 회의하고는 달리 아시아 민중의 목소리를 들을 수 있다는 점은 큰 매력으로 다가왔다. 실제로 발리 총회와 함께 진행된 시민사회포럼^{Civil Social Forum}은 총회 주제로 기후정의를 선정하기도 했다.

셋째, 장소가 '발리'라는 점이었다. 발리는 무슬림이 대부분인 인도네시아에서 유일하게 힌두교를 믿는 지역이다. 2002년 뉴델리 총회에 참석해 다양한 신과 함께 사는 힌두교도에게 놀라 귀국한 뒤 한동안 힌두교 공부에 몰두한 적이 있다. 그런 내게 힌두교 본토와 떨어져 독특한 힌두 문화를 형성한 발리는 한 번쯤 가보고 싶은 곳이기도 했다. 이번에는 당사국 총회하고 상관없이 관광도 단단히 해야겠다고 다짐했다.

2007년 발리 총회에 참가한 공동 대응단. 환경단체뿐만 아니라 노동조합, 정당 등이 기후변화 문제로 연대한 첫 사례였다.

하지만 언제나 그렇듯 여행 목적이 아닌 이국 생활은 뭘 해도 힘겨운 법이다. 덴파사르 공항에 내리면서 한증막에 들어온 듯 숨이 턱턱 막히더니, 도착하자마자 숙소 근처 시장통에서 먹은 첫 식사는 맥주를 빼고는 몽땅 후끈했다. 옷을 갈아입어도 30분이면 축축하게 젖는 날씨는 유독 더위를 많이 타는 내게는 차라리 고문 같았다. 날씨는 양반이었다. 일행 중 누군가가 '쓰레기'라고 표현한 관광객 무리는 저녁마다 맥주를 손에 들고 고래고래 소리를 질러댔고, 낮에는 상대적으로 한산하던 번화가는 미니스커트와 탱크톱을 걸치고 호객 행위를 하는 젊은 여성들과 그 모습을 흥미롭게 쳐다보는 남성들로 밤마다 북적였다. 요란스럽게 내달리는 관광용 오토바이와 줄지어 늘어선 택시들. 인기 드라마 〈발리에서 생긴 일〉에서 나오던 평온한 발리는 어디로 가고, 또 그 많다던 신들은 대체 어디로 숨어버린 걸까. 숙소가 있던 꾸따 레기안 거리는 한국에서도 흔히 볼 수 있는 욕망의 분출구에 불과했다. 당사국 총회에는 수만 명이 참가하기 때문에 교통과 숙박 등이 편리한 도시에서 진행할 수밖에 없다는 건 백번 양보해 이해한다고 해도, 가는 곳마다 눈에 띄는 소비 문화는 기후변화가 왜 일어날 수밖에 없었는지를 역설적으로 보여준다.

극적인 협상 타결, B급 스릴러의 진수를 보여주다

발리 총회는 '포스트 2012' 체제 논의를 마무리하는 시기와 방법을 결정짓는 회의였기 때문에 그 어느 때보다도 사람들의 관심이 각별했다. 이미 사전 실무 협상에서도 2009년 코펜하겐 총회까지 '포스트 2012' 논의를 종결하는 행동 계획에 관한 협상이 있었고, 각국 정부와 언론에서도 이미 '발리 로드맵'이라는 비공식 표현까지 쓰면서 협상 타결을 확신하고 있었다. 이런 기대하고는 다르게 총회 참가자들은 타결이 쉽지 않을 것이라는 예감을 하고 있었다. 합의의 열쇠를 쥐고 있는 미국에서는 여전히 지구 온난화를 막기 위한 행동을 완강하게 거부하고 있는 부시 행정부가 위력을 발휘하고 있었고, 개도국의 온실가스 감축 참여 문제를 둘러싼 선진국과 개도국 사이의 공방이 더욱 치열해진 상황이었기 때문이다.

결론부터 말하자면, 결국 협상은 타결됐다. 쟁점 사항에 관한 이견이 뚜렷해 공식적인 폐막을 여러 번 연기하면서 꼬박 하루를 더 협상한 끝에 얻은 성과였다. 하지만 그 과정은 결코 매끄럽지도 정의롭지도 못했다. 중국 등 개발도상국의 참여를 전제해야 한다며 자국 산업 보호를 이유로 끝까지 합의를 거부하던 미국은 여러 가지 함정을 만든 뒤에야 발리행동계획Bali Action Plan에 서명했고, 이 혼란을 틈타 일본과 캐나다, 호주 등 일부 선진국들이 미국을 지지하는 이중적인 행태를 보였다. 중국, 인도, 한국, 남아프리카공화국 등 다배출 개도국 역시 온실가스 의무 감축을 피해가려고 결코 아무것도 할 수 없다는 몽니를 부렸고, 애꿎은 군소 도서 국가들만 헛심을 쏟아낸 것이 2주일 동안 이어진 똑같은 일상이었다. 협상에 참여한 모든 국가가 전세계인의 간담을 서늘하게 만든 스릴러물의 배우였지만, 교토 의정서를 비준하지도 않아 온실가스 의무 감축을 하지 않으면서도 '포스트 2012' 체제에서도 알아서 하겠다고 주장하던 미국은 단연 빛나는 주연 배우였다.

발리 총회 이전에 IPCC의 4차 보고서가 나오면서 기후변화가 인간 활동의 결과인 것이 확실해지고 피해 예상치는 3차 보고서보다 훨씬 커졌지만, 미국은 자신들이 승인한 과학적 보고서마저 거부해버리는 파렴치의 극한을 보여줬다. EU가 IPCC 보고서의 내용을 받아들여 '선진국은 1990년 기준으로 2020년까지 온실가스를 25~40퍼센트 감축하는 것을 고려한다'는 문구를 '발리행동계획'에 넣자고 제안했지만, 미국은 자발적 감축을 주장하며 2주 내내 다른 국가를 괴롭혔다. 결국 워싱턴에서 미국이 협상 부결의 원인이라는 지적이 나와서는 안 된다는 연락을 받고 나서야 미국 대표는 협상에 걸림돌이 되지 않겠다는 의견을 밝혔다. 하지만 '1990년 기준으로 2020년까지 온실가스를 25~40퍼센트 감축'이라는 구체적인 문구는 누락되고 대신 IPCC 보고서의 해당 페이지를 인용하는 수준에서 합의가 뭉그러졌다. 상식적인 생각을 가진 사람이라면 정확히 수치를 적는 것과 수치가 적힌 보고서의 페이지를 적는 것에 어떤 차이가 있는지 알 수 없겠지만, 국제 협상에서는 그게 그렇게 중요했나 보다. 국제적 약속이란 건 어차피 강대국에게는 이현령비현령식의 유동적인 것에 불과하기 때문이다. 실제 발리행동계획에 구체적인 감축 수치를 적지 않은 것이 2008년과 2009년의 총회를 거치면서 큰 걸림돌이 돼,

"우리가 너희를 지켜보고 있다." 총회장 출입구에 그린피스가 내건 현수막. 각국 정부 대표단의 협상이 얼마나 어처구니 없었는지 웅변해주고 있다.

선진국의 감축 목표는 다시 처음부터 논의됐고, 결국 아무런 결과도 도출하지 못했다.

　한편 발리 총회에서는 REDD(개발도상국 삼림 훼손 방지를 통한 온실가스 배출 억제)가 주요 이슈로 떠오르기 시작했다. 개발도상국이 온실가스 흡수원인 삼림을 보전하면 선진국이 재정적 인센티브를 주는 제도인데, 아이디어는 몬트리올 총회에서 처음 나왔지만 인도네시아가 열대우림 국가이다 보니 적극 수용해 본격적인 논의가 진행된 것이다. 하지만 삼림 보호는 필연적으로 지역 토착민의 생존권과 거주지를 제한하는 방식으로 나타날 게 분명하기 때문에 올바른 해결책으로 보기 힘들다. 게다가 REDD를 하려면 삼림 가치를 경제적 자원으로 환산해야 하는데, 환산은 시장 메커니즘을 자연자원으로 확대하는 결과를 야기하고, 이것은 다시 거래를 통해 선진국에게는 면죄부를, 개발도상국 정부에게는 검은 이익을 제공하게 된다. 하지만 그 과정에서 지구에 아무런 해를 끼치지 않고 살던 토착민은 혜택은커녕 기후변화의 책임을 온몸으로 떠안게 될 것이 분명하다. 수많은 환경단체와 농민단체, 토착민 단체가 온실가스 감축은 선진국 안에서 진행돼야 한다고 주장하는 이유가 이것이다.

기후변화는 새로운 제국주의

기후변화는 단순히 생태계 파괴의 문제만은 아니다. 온난화로 이미 삶의 터전을 잃은 사람들이 있는가 하면, 누군가에게는 빈곤이 더 심해지는 원인이기도 하다. 심지어 일부 지역은 기후변화로 문화 자체가 붕괴되기도 한다. 인도네시아뿐만 아니라 동남아 일원에는 농촌이나 산림 지역에서 자연과 조화해 살아가는 수많은 토착민이 있다. 하지만 기후변화는 이 사람들의 권리를 송두리째 앗아가는 원흉이 되고 있다. 발리 총회에서 '기후정의', '기후 불평등'이 핵심 이슈로 떠오른 것은 당연한 일이었다. 총회와 함께 동시에 진행되고 있는 시민사회포럼의 주제에도 '기후정의'가 선정됐다. 국제 행동의 날 행사의 주제 역시 지구 온난화로 고통받는 제3세계의 토착민, 농민, 여성, 아동, 빈곤층의 권리와 이들에 대한 구조적 폭력이 채택됐다.

12월이라는 특성 때문인지, 아니면 기후변화의 저주 때문인지 해마다 국제 공동 행동의 날 행사가 열리는 날의 날씨는 무척 나빴다. 몬트리올 총회에서는 살을 에는 추위가 닥치더니, 나이로비 총회에서는 굵은 빗방울이 떨어졌다. 발리 행사 때는 말 그대로 찌는 듯한 더위가 기다리고 있었다. 수천 명의 현지인과 활동가들은 열사병을 걱정할 정도로 무더운 날씨 속에서 발리 섬의 주도인 덴파사르에서 거리 행진을 했다. 하지만 사람을 지치게 만드는 날씨에도, 행진의 열기는 그 어느 때보다 뜨거웠다. 인도네시아는 이미 해수면 상승으로 여러 개의 섬이 가라앉고 있고, 수많은 생물종이 멸종 위기에 놓여 있으며, 토착민이 거주지를 잃고 거리로 내쫓기는, 대표적인 기후변화 취약국이어서 현지 주민의 호응은 더 클 수밖에 없었다.

　　이런 배경 때문이었을까? 거리로 나선 농민과 토착민은 기후변화를 일으킨 선진국에 강한 적개심을 보였다. 인도네시아에서 토착민의 권익을 보호하는 프로그램을 진행하고 있는 '게락 라완Gerak Rawan'이라는 단체는, 기후변화가 신식민주의-제국주의의 형태로 나타나고 있다며 생태적·사회적 정의를 위해 토착민의 문화와 생존의 권리를 지킬 필요가 있다고 주장했다. 게락 라완의 농민들은 행진 내내 지치지도 않고 '사회가 변하면 기후도 변한다Social Change, Climate Change'라는 구호를 외쳐댔다. 간절한 외침은 지구 온난화의 문제가 이미 생존의 권리와 직결되고 있다는 것을 방증하는 것이다.

　　그런가 하면 인도네시아의 또 다른 단체인 '군도 토착민 연합Indigenous People's Alliance of the Archipelago'은 대표적인 기후 불평등의 예로 선진국에서 석유 대체 연료로 각광을 받고 있는 바이오 연료를 꼽았다. 인도네시아에는 20만 헥타르 이상이 바이오 연료를 생산하는 경작지로 이용되고 있는데, 그 결과 엄청난 크기의 원시림이 사라지고 있다. 앞으로도 수십만 헥타르를 더 승인할 예정이라고 한다. 인도네시아는 정부 차원에서 바이오 연료 경작에 적극 뛰어들고 있는데, 겉으로는 넓은 경작지에서 생

인도네시아 토착민 그룹이 '우리의 숲은 우리 민중의 것이지, 선진국의 것이 아니다'라고 적힌 현수막을 들고 행진하고 있다. 토착민에게 총회장에서 진행되고 있는 열대우림 관련 협상은 생존을 위협하는 협박에 불과했다.

산하는 바이오 연료로 온실가스 배출도 줄이고, 지역 주민 역시 경제적 이득을 취할 수 있을 것처럼 보인다. 그러나 인도네시아 NGO들의 생각은 다르다. 대규모 바이오 연료 작물 경작에 따른 혜택이 정작 농민이 아니라 대기업이나 바이오 연료를 사용하는 선진국에게만 돌아간다고 주장했다. 그 옆으로 거리 행진을 마친 농민들은 잔디밭에 옹기종기 모여 '기후변화 때문에 우리는 갈 곳이 없다'는 피켓을 앞에 둔 채 피곤한 얼굴로 쏟아지는 카메라 세례를 받고 있었다.

국제 공동 행동의 날 행사에서 만난 미나 세트라 씨는 선진국이 기후변화 대응이라는 미명 아래 인도네시아에서 자행하고 있는 각종 인권 문제를 격한 어조로 성토했다.

인도네시아 농민들이 국제 공동 행동의 날 행진을 마친 뒤에 지친 얼굴로 그늘에서 쉬고 있다. 우리는 갈 곳이 없다는 의미의 피켓이 눈에 띈다.

"식물 연료를 생산하려고 농장을 지으면 지역 토착민의 문화를 파괴하는 인권 문제가 발생한다. 게다가 값싼 임금에 노동을 착취당하고 있고, 정부가 대기업을 통해 대량 생산을 하기 때문에 토착민은 시장 접근을 하지 못해 경제적 이득도 얻을 수 없다. 이걸 지구 온난화의 대안이라고 할 수 없다. 선진국이 자신이 저지른 지구 온난화를 막고자 우리에게 더 많은 고통을 요구하는 것은 공평하지 않다. 칼리만탄, 바쿠아 등 인도네시아의 거의 모든 곳에서 같은 일이 일어나고 있기 때문에 토착민의 인권과 환경 파괴 문제가 심각한 수준이다. 발리 총회가 토착민의 상황을 이해하고 의견을 적극 수용해야 한다. 그래서 라틴아메리카, 아시아 국가처럼 식물 연료 탓에 피해를 받는 국가는 정책적으로 접근할 필요가 있다."

미나 세트라 씨는 "왜곡된 기후변화 대응책을 막기 위해 전세계

NGO들과 공동으로 대응 활동을 벌일 예정"이라고 말했다. 실제 에너지 정치센터와 환경정의는 이듬해 인도네시아의 팜 농장 현지 조사를 실시해 공동 기획 기사를 내보내기도 했다(이 책의 2부 인도네시아 편 참조).

인도네시아 같은 기후변화 취약국들은 지구 온난화에 기여하는 게 거의 없으면서도 기후변화에 따른 피해가 집중되고 있다. 이런 현실을 극복하려면 선진국들이 기후 부채라는 개념을 수용하고 기후변화 완화와 대응에 1차적인 책임을 져야 한다. 산업혁명 이후 선진국의 온실가스 누적 배출량은 전지구 배출량의 70퍼센트를 훨씬 상회하고 그 나머지 30퍼센트 중 상당 부분도 현재의 다배출 국가들이 대부분 배출했다는 것을 감안하면, 제3세계 국가에게 기후변화는 정말로 불평등한 일이 아닐 수 없다. 더군다나 기상 이변에 따른 피해가 동남아시아, 아프리카, 남아메리카 등 제3세계 국가들에 밀집되고 있다는 점은 몇 번이고 곱씹어봐야 할 문제다.

발리의 총회장 한가운데에 유독 참가자의 이목을 끄는 전시물이 하나 있었다. '수백 만 얼굴, 하나의 메시지. 기후정의Million Faces, One Message, Climate Justice'라는 문구와 함께 다양한 인종의 얼굴 사진을 모자이크한 플래카드였다. 간결하지만 강력한 메시지를 담고 있는 이 현수막은 지나가는 사람들의 발길을 잡아놓기에 충분했고, 많은 사람들이 공감의 뜻으로 고개를 주억거리곤 했다. 많은 사람들의 관심이 2012년 이후 얼마나 많은 이산화탄소를 줄일 것인가, 그것이 자기 나라의 경제에 얼마나 큰 타격을 입힐 것인가에 온통 집중되어 있는 동안, 기후와 빈곤, 기후와 불평등을 엮어내는 기후정의는 이렇게 늘 제자리를 지키고 있었다. 사실 기후 불평등의 문제를 해소하기란 쉽지 않은 일이다. 선진국들은 자신의 책임에는 아랑곳하지 않고, 오로지 경제적 손해를 보지 않기 위해 재정

총회장 안에 전시된 '수백만 얼굴, 하나의 메시지, 기후정의'라고 쓴 플래카드. 발리 총회에서 민중의 관심사는
'기후정의'의 실현이었다.

지원과 기술 이전 등의 방안에 아주 소극적이다. 제3세계 국가 토착민의
처참한 삶에는 관심이 없는 것이다.

거리 행진이 진행된 주말 저녁, 투발루 국민 1만 명의 영상 메시지
가 발표됐다. 투발루 국민에게 지구 온난화는 선진국들의 새로운 형식의
제국주의였다. 이것은 투발루 사람에게만 해당하는 말이 아니다. 그 현
실은 곧 우리 전체의 미래이기 때문이다.

바이오 연료, 기후변화 해결책이 아니다

"바이오 연료를 필요로 하는 EU와 미국은 세계 곡물 가격을 높이고, 온실가스 배출량을 증가시키고 있습니다. 우리는 차가 없는 사람들과 소통해야 합니다. 바이오 연료 산업을 바꾸기 위한 세계 표준 마련 캠페인에 동참해주십시오."

8억 2000만 개발도상국 주민들은 식량이 부족하다. 전세계 음식물 가격은 폭등하고 있고, 이로 인해 멕시코와 모로코에서는 소요 사태까지 일어났다. 세계식량계획[WFP]은 지난 주에 식량 가격이 너무 뛰어올라 극빈층을 위한 긴급 구호 식량마저 위태롭게 되었다고 경고했다.

그렇다면 선진국들은 어떤 반응을 보였을까? 그들은 식량을 불태우고 있다. 특히 그들은 농장 생산물에서 알코올을 만들어 휘발유 차의 연료로 이용하는 바이오 연료 이용량을 늘리고 있다. 바이오 연료는 기후변화를 완화시키기 위한 방법 중 하나로 쓰인다. 그러나 사실, 그것들이 성장하는 것보다 훨씬 많은 토지가 개간되었고, 오늘날 대부분의 바이오 연료들은 그것에 의한 감축량보다 더 많은 온실가스를 배출하고 있다. 게다가 수백만 명이 옥수수나 밀, 다른 식량들을 얻을 수 없게 만들었다.

모든 바이오 연료가 나쁜 것은 아니다. 하지만 기본적인 수준의 세계 표준조차도 없다. 바이오 연료 붐은 점점 더 식량 안보를 위협할 것이고, 지구 온난화를 가중시킬 것이다. 간단한 우리의 툴을 활용하면 이번 주말 일본 치바에서 열리는 기후변화 정상급 회담 전에 각국의 수장에게 메시지를 전달할 수 있다. 또한 바이오 연료의 국제 규격을 요구하는 캠페인에 동참할 수 있다.

때때로 어떤 비교는 우리를 황망하게 만든다. 한 해 한 사람이 소비하는 충분한 양의 옥수수는 SUV 한 대의 기름 탱크를 채우는 데 쓰인다. 물론 모든 바이오 연료가 나쁜 건 아니다. 예를 들면, 브라질 사탕수수에서 생산하는 에탄올은 미국에서 옥수수로 생산한 에탄올보다 모든 면에서 효율적이다. 폐기물에서 연료를 만드는 친환경 기술도 빠르게 발전하고 있다.

문제는 EU와 미국은 좋은 것과 나쁜 것 구분 없이 바이오 연료를 증가시키는 게 목적이라는 것이다. 결과적으로 유럽의 바이오 디젤 정제소를 위한 팜 오일 생산이 늘어나면 인도네시아의 열대우림은 파괴될 것이고, 전세계적으로 곡물 수확량은 위험한 수치로 낮아질 것이다. 그동안 선진국의 정치가들은 해당 국가 주민들이 에너지를 절약하는 것을 요청하지 않고서 '녹색 대안'을 봤다고 할 것이고, 거대한 농업 기업은 돈을 벌어들일 것이다. 변화가 없다면 상황은 더욱 나빠질 것이다.

더 좋은 바이오 연료를 촉진시키기 위한 강력한 국제 표준이 필요하고, 나쁜 바이오 연료를 생산·판매하는 것은 중단되어야 한다. 그런 표준은 몇몇 연합에 의해 개발이라는 미명 아래 있다. 그러나 강력한 대중의 항의가 있다면 그들은 표준을 만들 수밖에 없을 것이다. 행동해야 할 시간이다. 이번 금요일과 토요일, 세계 이산화탄소 배출의 75퍼센트 이상을 배출하고 있는 광역 경제권의 20여 개 국가(G20)가 일본 치바에서 G8 기후변화 회의를 하기 위해 모인다. 정상급 회의가 진행되기 전에 바이오 연료의 변화를 요구하는 전세계의 목소리를 전달하자.

이번 회의 전에 전달하려는 요구는 식량 위기를 종식시키지도, 지구 온난화를 멈추지도 못할 것이다. 그러나 이것은 첫걸음이다. 잘못된 해결 방식의 척결과 진정한 해결책을 요구하는 것을 통해 우리는 쉬운 해결책이 아닌, 올바른 해결책이 필요하다는 걸 인식한 지도자를 볼 수도 있다.

콜로라도 아바즈의 회원인 케이트는 바이오 연료에 관해 쓴 글에서 이렇게 말하고 있다.

"사람들이 이미 기아에 허덕이고 있을 때 식량에서 연료를 뽑아내야 하는가? 내 차가 어딘가에서 굶주리고 있는 어린 아이들보다 중요하지는 않다."

이제는 정치나 이익이 아닌 우리의 별과 우리 주위의 사람들의 삶을 위해 국제적으로 결단을 내려야 할 시간이다. 이것은 긴 싸움이 될 것이다. 그러나 그것들을 그냥 두기에는 너무나 중요한 문제이기 때문에 우리는 이 싸움에 온 열정을 쏟을 것이다.

AVAAZ.org(온라인 사회운동조직)

2009년 3월

폴란드

질척이는 검은 눈의 나라, 포즈난
─ 매캐한 석탄 냄새로 가득한 도시

이진우

일정   2008년 12월 1~12일

장소   폴란드 포즈난

참여   이진우, 조보영(환경정의), 이정필(에너지정치센터)

Poland

폴란드는 국내에서 소비하는 에너지의 90퍼센트 이상을 석탄에서 얻을 정도로 화석연료 의존도가 높은 국가다. 당사국 총회가 열린 포즈난도 아침에 길을 나서면 각 가정에서 난방을 위해 석탄을 태워 늘 매캐한 냄새가 가득했다. 한국보다 위도가 높은 곳에 있는 폴란드의 겨울은 낮이 짧다. 한 번은 회의 참관 때문에 오후 두세시에 늦은 점심을 먹으면서 뉘엿뉘엿 지는 해를 한참 바라본 적도 있다. 또 아침나절에는 습도가 높아 비가 오거나 아예 해가 쨍쨍한 날을 빼면 줄곧 자욱하게 안개가 깔려 있었다. 빠르게 오는 저녁과 아침마다 시야를 흐리는 안개. 그리고 거기에 섞여 오는 매캐한 석탄 냄새.

하지만 정작 우리를 괴롭힌 건 그런 음울한 겨울의 풍광이 아니었다. 석탄에 관련된 인상이 강해서 그렇지 포즈난은 아름다운 도시였다. 도시 곳곳에는 고풍스러운 건물이 흩어져 있고, 지상 전철인 트램이 잘 갖춰져 있어 쾌적하게 이동할 수 있었고, 번잡스럽지도 않고 정갈한 거리는 관광지로서 충분한 매력이 있었다. 특히 옛 시청 광장에 들어선 크리스마스 마켓은 따스한 조명과 이국적인 풍광을 갖추고 있어서 겨울철 여행에도 알맞은 곳이다. 게다가 찬바람이 부는 크리스마스 마켓의 노점에서 향료를 넣어 데운 포도주를 마시는 건 특이한 경험이었다(폴란드어에 문외한이어서 손가락으로 모든 주문을 대신했지만, 나중에 간 독일에서 이 데운 포도주를 '글뤼바인Glühwein'이라고 부른다는 것을 알았다. 물론 아직도 폴란드어로는 뭐라고 부르는지 모르지만).

우리를 괴롭힌 주범은 폴란드가 석탄 의존도가 너무 심해 온실가스 감축에 지나치게 소극적이라는 것이었다. 원래 당사국 총회의 개최국은 기후변화 협상이 실효적인 결과물이 도출할 수 있도록 의제를 주도하고 각국의 의견을 조율하는 의장국 구실을 해야 한다. 또 그것을 가능

하게 하려면 무엇보다 다른 국가에게 모범이 될 만한 선물꾸러미를 풀어 내야 한다. 기존 개최국들은 크건 작건 적극적인 공약을 제시하는 관례가 있었다.

하지만 폴란드 정부는 달랐다. 온실가스를 감축하려면 값싸고 국내 매장량이 많은 석탄 사용을 줄여야 했지만, 이것은 곧 러시아에서 값비싼 천연가스를 들여와야 한다는 뜻이기 때문에 기후변화 협상에 아주 소극적이었다. 오히려 도대체 왜 당사국 총회를 유치했는지 이해가 되지 않을 정도였다. 게다가 때마침 전세계를 휘몰아친 금융 위기는 세계 각국의 기후변화 대응을 더욱 위축시켰는데, 이런 상황을 타개해야할 폴란드 정부는 오히려 거기에 편승해 포즈난 총회를 무색무취하게 만들었다. 긴박하던 1년 전의 총회를 감안해도, 1년 밖에 남지 않은 '포스트 2012' 논의 종결 시한을 감안하더라도 포즈난 총회는 징검다리 구실을 충실히 수행했어야 했다. 하지만 포즈난 총회는 지난 열다섯 차례의 당사국 총회 중 가장 긴장감 없던 총회로 기록될 만하다. 포즈난을 매캐한 석탄의 도시로 부르는 이유가 거기에 있다. 인류에게는 가장 아쉬운 총회였지만, 화석이 된 기업과 정부들에게는 가장 평온한 총회, 포즈난 총회가 시작됐다.

기업들의 새로운 놀이터가 된 총회장

2010년 볼리비아 코차밤바에 모인 기후정의 운동 진영은 경쟁 원리, 무한성장 논리로 무장한 자본주의 시스템이 생산과 소비 체제를 고삐 풀린 망아지마냥 방치했다고 지적했다. 자본주의가 자연에서 인류를 분리시킨 것은 물론이고, 자연에 관한 지배 논리를 도입하는 데 앞장섰으며, 물·지구·문화유산·생물종과 심지어는 사회적 정의와 윤리·인간의 권리와 생명을 포함해 모든 걸 상품화했다고 강하게 비판했다. 그 씨앗이 본격적으로 싹을 틔우기 시작한 게 바로 포즈난 총회였다. 그전에도 간혹 기업들이 별도의 전시장을 마련해 자신들의 녹색 이미지를 홍보한 적은 있었지만, 포즈난 총회처럼 당사국 총회장 바로 옆에 떡하니 전시장을 차린 경우는 없었다. 게다가 제3세계 민중과 NGO들이 그렇게 반대했고, 또 NGO들이 집회를 열고 있는 바로 코앞에 배출권 거래 시장 홍보 전시장을 마련한 것은 참을 수 없는 모욕이기도 했다. 오히려 다들 대안이라고 얘기하는 재생 가능 에너지 홍보 전시장이 배출권 거래 시장보다 더 멀리 떨어져 외진 곳에 자리를 잡았다.

시장에 의존하는 기후 해결 방식, 즉 탄소 배출권 거래 시장이나 청정 개발 체제 같은 제도가 지구 온난화 해결에 아무런 도움이 되지 못했다는 것은 널리 알려진 사실이다. 교토 의정서에 따라 선진국들은 2012년까지 1990년 대비 평균 5.2퍼센트의 온실가스를 감축해야 하지만, UN에 보고된 결과는 이것이 달성 불가능한 상태라는 것을 보여준다. 1990년부터 2007년까지 이어진 경기 후퇴로 엄청난 배출권을 갖게 된 동구권을 제외한 선진국들의 온실가스 배출량은 11.2퍼센트 정도 증가했다. 그런데도 포즈난 총회는 국제배출권거래협회[IETA] 등 다양한 기업들이 미래 패권을 위해 아귀다툼을 벌이는 각축장으로 변한 것이다. 이것은 당사국 총회가 점차 기후변화 해결을 위한 논의의 장이 아니라 새로운 사업을 위해 자본주의가 스스로 확대 재생산하는 공간이 되어가고 있다는 뚜렷한 증거로 볼 수 있다. 실제 미국과 EU 등은 비슷한 시기에 일어난 국제 금융 위기를 극복하기 위해 은행들에 4조 1000억 달러의 구제 금융을 지원하기로 결정했다. 이것은 UN이 개발도상국을 지원하기 위해 '최빈국 기금[LDCF]'과 '특별기후변화 기금[SCCF]', '적응 기금[AF]' 명목으로 공약한 3억 2000만 달러(2008년 현재)의 1만 2812배에 이르는 금액이다. 선진국들은 자신들의 무절제한 삶의 방식 때문에 고통받고 있는 개발도상국 민중보다 자기 나라의 부도덕하고 능력 없는 기업과 은행이 더 중요하다는 것이다.

어찌 보면 이런 인식이 팽배한 상태에서 포즈난 총회가 기업들의 새로운 놀이터가 된 건 당연할 일인지도 모르겠다. 하지만 인류는 기후변화 때문에 지금 중요한 딜레마에 빠져 있다. 경쟁과 기업으로 대변되는 자본주의를 통해 죽음에 이르는 길을 택할 것인가, 아니면 자연과 조화하고 생명을 존중하는 삶을 통해 상생의 길을 택할 것이냐 하는 것이 그것이다. 적어도 포즈난 총회에서 나타난 각국의 선택이 후자가 아닌 건 분명해 보인다.

한국 정부여, 위선의 탈을 벗어라

당사국 총회에서 한국은 늘 두 가지 지위를 가지고 있다. 하나는 온실가스 감축 의무가 없는 개발도상국 지위이고, 다른 하나는 이미 온실가스 의무 감축을 하고 있는 국가라는 인식 속의 지위다. 한국은 공식적으로 2012년까지 효력이 지속되는 교토 의정서의 온실가스 의무 감축 국가가 아니다. 하지만 정부 협상단을 제외한 사람들은 대부분 한국이 온실가스 의무 감축국이 아니라는 사실이 의외라는 듯 짐짓 놀라는 표정을 짓곤 한다. 사람들이 그런 반응을 보이는 데에는 이유가 있다.

한국은 현재 온실가스 배출량이 세계 9위에 이르는 손꼽히는 다배출 국가 중 하나다. 에너지 총 사용량은 세계 10위고, 석유 소비량은 세계 5위이며, 1인당 온실가스 배출량은 우리보다 소득이 훨씬 높은 영국, 독일, 일본보다 높다. 이런 국가가 온실가스 의무 감축 국가가 아니었다면 누구든 의아해 할 것이다.

한국 정부는 현재의 지구 온난화를 일으킨 건 산업혁명 이후 선진국들이 배출한 온실가스 때문이고, 온실가스의 수명이 50~100년이라는 것을 감안하면 누적 배출량이 많은 선진국들이 책임을 지는 것이 당연하고, 우리는 소득이 낮기 때문에 의무 감축은 시기상조라고 주장한다. 과연 그럴까? 한국은 산업혁명 이후의 온실가스 누적 배출량으로도 23위에 해당한다. 온실가스 의무 감축을 해야 하는 국가가 38개국

헝가리의 이스트반 쉬기예츠키(Istvan Szugyicxky)의 작품. 기업들의 탐욕이 지구 온난화를 야기하고 있음을 상징하고 있다. 'good50x70'라는 단체는 2007년부터 이런 포스터를 공모하고 각국에서 전시회를 진행 중이다 (출처: good50x70.org).

에 이른다는 점을 감안하면 한국 정부가 자신을 개발도상국이라고 주장하는 것은 설득력이 없다. 게다가 흔히 국력의 상징이라고 부르는 GDP도 13~15위권에 있다.

한국 정부가 포즈난 총회에서 내건 의견은 두 문장으로 압축된다. "제2차 공약 기간 중(2013~) 부속서1 국가들의 선도적이고 추가적인 감축 목표 설정과 이의 달성을 위해 감축 수단이 논의되는 데는 동의"하고, 개발도상국은 "작위적인 개발도상국 세분화보다는 각국의 능력에 상응한 실질적 감축 행동이 중요"하기 때문에 온실가스 의무 감축에 반대한다는 것이다. 이런 의견은 일부 개도국과 상황을 잘 모르는 사람들에게는 매혹적인 얘기로 들릴 수도 있겠지만, 어디까지나 가식에 불과하다. 한국 정부의 주된 목적은 지구 온난화 방지가 아니라 한국 경제의 '무궁한 영광'을 위해 최대한 의무 감축을 늦추겠다는 것이다. 그런 속내를 숨

기기 위해 한국 정부는 회기 중에 '장기 협력 행동 특별 작업반 회의^AWG-^LCA'에 여러 가지 제안을 담은 제안서를 제출했다.

한국 정부가 제출한 제안서는 개발도상국과 일부 NGO의 지지를 받으며 의미 있는 제안이라고 평가받았다. 내용은 크게 지구 온난화 완화를 위한 접근 방법과 개발도상국을 대상으로 하는 재정·기술 지원 체계에 관한 것인데, 특히 개발도상국의 자발적 감축 방안에 관한 제안이 주목을 받고 있다. 개발도상국은 2020년을 기준으로 하는 자발적인 감축 방안^NAMAs을 제시하는 방법을 통해 개방도상국의 온실가스 감축을 유도하자는 것이다. 선진국과 개발도상국이 여전히 서로 책임을 전가하는 태도를 반복하고 있는 상황에서 한국 정부의 제안은 솔깃한 방안일 수도 있었다. 게다가 일부 NGO들마저 협상이 파국으로 가는 것을 막기 위해 한국 정부의 제안에 긍정적인 신호를 보내기도 했다(물론 인터뷰를 해보면 한국 정부의 의도에는 전혀 관심이 없었다). 하지만 한국이 온실가스 의무 감축국이 아니라는 사실을 알고 있는 사람이 얼마나 될까? 또 한국 정부가 세우고 있는 국내 온실가스 감축 계획에서는 2020년까지 온실가스가 늘어날 것으로 전망하고 있는데, 한국의 제안서에서 제출한 의무 감축 전환 시기가 이것과 일치한다는 걸 안 사람이 과연 몇이나 있었을까? 결국 한국 정부의 제안은 전세계를 대상으로 한 속임수에 지나지 않았던 것이다.

온실가스 감축은 제로섬 게임이다. 어쨌든 모두 힘을 합쳐 달성해야 하는 절대적인 수준이라는 게 있다. IPCC 4차 보고서에 따르면 2050년까지 우리는 현재 쓰고 있는 온실가스의 절반 이상을 줄여야 한다. 그 시점을 지나면 우리는 기후변화를 막을 수 있는 시기를 놓칠 것이라는 게 IPCC의 경고다. 따라서 세계 각국은 온실가스를 그 수치만

포즈난 총회에서 한국의 녹색성장 정책에 관해 연설하고 있는 이만의 환경부 장관. 하지만 한국 NGO 참가단은 이만의 장관이 연설을 하고 있는 동안 이 자리에서 〈한국 정부 대표단은 가면을 벗고 진실을 보여라〉라는 성명서를 배포했다.

큼 줄여야 한다. 그걸 아무도 못하겠다고 버티고 있는 게 지금 상황이다. 선진국과 개발도상국이 첨예하게 대치하고 있는 상황에서 한국 정부의 제안은, 회의가 파행으로 치닫는 걸 부담스러워 하는 국가들에게 달콤한 사탕이 될 수는 있었지만 기후변화 억제라는 궁극적인 목적을 가로막는 물타기에 불과했다.

포즈난 총회에 참석한 이만의 환경부 장관은 대표 연설을 통해 "우리나라는 이명박 대통령이 녹색성장에 관심이 많고, 이를 위해 노력하고 있다"며 자랑스럽게 얘기했다. 하지만 그 말이 산업 보호를 위해 교토의정서를 받아들일 수는 없지만 열심히 노력하고 있다고 주장했다가 거센 비판을 받고 있는 미국의 태도와 다를 게 무언가. 기후변화는 경제의 문제이기 전에 정치적 의지의 문제고 원칙의 문제다. 한국 정부가 그토록 좋아하는 '국격'을 확보하려면 우리의 위치에 걸맞는 의지를 보여야 한다. 환경 문제는 오염자 부담 원칙으로 풀어야 한다고 우리에게 일러준 건 국·검정 교과서가 아니었던가.

인류, 판도라의 상자를 열다
– 코펜하겐 총회와 치킨 게임

이진우

일정   2009년 12월 7~18일

장소   덴마크 코펜하겐

참여   이진우, 이정필, 조보영(에너지기후정책연구소)

Denmark

"기후변화가 심각하다"는 말은 이제 사람들에게 '사랑한다'는 흔한 유행가 가사처럼 식상하게 들릴지도 모르겠다. 4대강을 파헤치며 철 지난 근대화의 미망을 놓지 못하는 이명박 정부마저 '녹색성장'을 부르짖고 있고, TV만 켰다 하면 어디선가는 남태평양의 어느 섬나라 하나쯤은 이미 가라앉고 있다. 거의 모든 곳에서 기후변화를 언급하는 상황에서 '기후변화'라는 말에 내성이 생기지 않는다면 그게 이상한 일이다. 하지만 그런 담담함에도 우리가 꼭 짚고 넘어가야 할 것은 기후변화가 가속 페달을 밟은 자동차처럼 이제 속도를 내기 시작했다는 점이다. 곪아버린 상처가 지금 당장에는 아프지 않더라도 내일도 아프지 않으리라고 안심하는 건 어리석은 짓이다. 그런 점에서 우린 기후변화에 관련된 몇 가지 사안을 심각한 눈으로 바라봐야 한다. 그중 하나가 2009년 덴마크 코펜하겐에서 열린 제15차 기후변화 협약 당사국 총회였다.

코펜하겐 총회와 치킨 게임

코펜하겐 총회는 시작할 때부터 이미 끝난 총회라는 부정적인 전망이 많았다. 몬트리올 총회 이후 선진국과 개발도상국들이 여전히 서로 책임을 미루며 공멸의 길을 가는 치킨 게임에 몰두하고 있었기 때문이다. 덴마크 정부가 시내 곳곳에 코펜하겐에서 희망을 만들자는 의미로 'Copenhagen'을 'Hopenhagen'으로 이름을 바꾼 포스터를 부착하는 등 단일 회의에 1조 원을 쏟아부어가며 분위기를 한껏 띄웠지만, 회의는 초반부터 극한 대립 양상을 보이기 시작했다.

대립의 첫 단추는 선진국들이 끼웠다. 회의가 시작된 지 겨우 이틀 만에 의장국인 덴마크 정부가 미국, 영국 등 일부 선진국들과 의견을 나눠 만들어놓은 초안이 폭로된 것이다. 덴마크 정부가 합의문 초안을

Climate Chronicle
from COP15
CRITICAL NEWS & CLIMATE JUSTICE PERSPECTIVES

Issue 1, Wednesday, 9th December 2009

Copenhagen Plan B: "protect the rich"

A leaked text of the political declaration that could conclude the Copenhagen conference reveals back-room dealings that offer little to the Majority World, writes Oscar Reyes

So the rumours were true. For the past week, it was an open secret that the Danish government had already drafted a "political declaration" that could form the major outcome of the UN Climate Change Conference now that a full-blown international agreement is off the cards. The draft text has now been leaked, sparking outrage amongst Southern delegates and civil society organisations.

"The Copenhagen Agreement under the UN Framework Convention on Climate Change," as the draft is titled, would introduce percentage-based emissions targets for all except the Least Developed Countries, fatally undermining the Kyoto Protocol, which draws a line between industrialised Annex 1 states and the Majority World. The text also suggests that financial and technological support measures in non-Annex 1 countries, an underlying principle of the UN Framework Convention on Climate Change (UNFCCC), should now be made conditional to their ability to meet complex emissions monitoring requirements.

The UNFCCC quickly attempted to limit the damage, putting out a statement from Executive Secretary Yvo de Boer that declared that the draft was a "decision paper put forward by Danish Prime Minister," while maintaining that it was not a "formal text" of the UN negotiating process.

But the leaked text met with an angry response from many Southern delegates. Lumumba Di-Aping, the Sudanese chairperson of the G77 plus China grouping of 132 developing countries, said that the Danish Prime Minister Lars Løkke Rasmussen had failed in his role as a neutral host and had instead "chosen to protect the rich countries." The emergence of the draft text was also met by an impromptu protest from members of the Pan African Climate Justice Alliance, who marched through the Bella Center chanting "Two degrees is suicide, One Africa, one degree."

Democratic deficit

Concerns stems not simply from the contents of the draft text, but also the secretive and biased way in which it came about. The COP Presidency, which is held by host country Denmark, is mandated to craft compromises based on painstakingly negotiated drafts. In this case, the Presidency stands accused not only of overstepping the mark, but of hopping, skipping and then jumping over it, pre-empting UN decisions with proposals lifted in part from text discussed at the Major Economies Forum, an initiative closely tied to the G20 grouping and chaired by US President Barack Obama.

> The leaked draft Copenhagen Agreement violates the democratic principles of the UN and threatens the Copenhagen negotiations.

As Meena Raman, Honorary Secretary of Friends of the Earth Malaysia, explains, "The leaked draft Copenhagen Agreement violates the democratic principles of the UN and threatens the Copenhagen negotiations. By discussing this text in secret back-room meetings with a few select countries, the Danes are doing the opposite of what the world expects the host country to do. The Danish government must stop colluding with the rich nations. Instead it must take as a starting point the positions of developing countries - which are the least responsible for climate change, but who are most affected by it."

Raman Mehta from Action Aid India decried a "betrayal of trust" on the part of the Danish government.

More "hot air" on reductions

The draft text is weak and vague in its overall ambitions. In reiterating the goal of holding global warming to no more than 2 degrees Celsius above pre-industrial levels, the text sets a global reduction target of 50 per cent by 2050, of which 80 per cent should come from the industrialised world. These figures look distinctly unimpressive when tracked back to existing per capita emissions, however, with one estimate suggesting that they would allow Northern industrialised countries to continue outpolluting the Majority World by a factor of 3.5.

The short-term proposals are ostensibly more ambitious, with a suggestion that global emissions should peak by 2020. But the same passage of the text misleadingly claims that ▶▶ P-3

선진국들이 사전에 만들어둔 초안이 유출되자 총회장 안에서 강력하게 항의하고 있는 아프리카 국가의 협상단 소식을 다룬, 진보적 성향의 국제적 연구소인 TNI가 총회 기간 격일로 발간한 《기후 신문》의 1면(출처: TNI 홈페이지).

미리 만들어놨다는 소문이 돌기는 했는데, 그게 사실로 드러난 것이다. 개발도상국들은 자신들과 전혀 논의된 적도 없고 일방적으로 선진국에 유리한 내용이라며 크게 반발하고 나섰다. 실제로 유출된 초안에는 앞으로 온실가스 규제를 1인당 배출량에 집중한다는 문구가 포함돼 있어 개발도상국들의 탄소배출권을 제한하겠다는 의도를 내비쳤다. 또한 기후 재정 문제에서 UN의 구실을 축소하고 선진국의 구미에 맞는 방식으로 관리하겠다는 내용도 담겨 있어 사실상 기후변화의 책임을 개발도상국에 떠넘기는 듯한 인상마저 풍겼다. 그러자 중국과 인도 등 몇몇 개발도상국이 자기들도 사전에 논의한 초안이 있다는 듯 이틀 만에 개발도상국 초안을 공개했다. 개발도상국 초안은 선진국의 초안과 정반대였다. 이 와중에 아프리카 국가들이 선진국 초안에 반발하며 회의를 보이콧하고 집단 퇴장하는 일이 벌어졌고, 개발도상국 그룹 역시 회의를 일시적으로 보이콧하며 가뜩이나 부족한 협상 시한을 더 단축시켰다. 갈 데까지 가보자는 식의 대립이 연일 코펜하겐 총회를 장식하기 시작했다.

코펜하겐 총회, 마이너리티 리포트

기후변화에 취약한 국가, 또는 농민, 노동자, 토착민, 여성 등에게는 한 가지 공통점이 있다. 기후변화의 피해를 온몸으로 받고 있지만 막상 기후변화 협상에서는 완벽하게 소외돼 있다는 것이다. 각 국가의 협상 대표단에게 기후변화란 경제적 이해관계를 앞세운 의제일 뿐, 기후변화가 누군가에게 생존과 불평등의 거대한 씨앗이라는 점은 중요치 않았다. 코펜하겐 회의에서도 전세계의 마이너리티들의 권리는 그렇게 무시당하고 있었다.

투발루 정부 대표단은 연설을 통해 현재 협상에서 논의되고 있는 온실가스 감축 목표가 남태평양 군소 도서 국가들을 포함해 기후변화에 취약한 국가들의 생존을 위한 기본 권리를 보장하지 않고 있다고 호소했다. 기후변화 취약 국가들이 살아남으려면 전세계적으로 2050년까지 산업화 이전에 견줘 섭씨 1.5도로 온도 상승을 억제하고, 대기 중 이산화탄소 농도를 350피피엠으로로 낮춰야 한다고 제안했다. 투발루 정부 대표단의 제안에 군소 도서 국가들과 아프리카의 빈국들은 열렬한 지지를 나타내면서 협상을 교착 상태에 빠뜨린 선진국과 다배출 국가들이 더

'선진국들은 기후 부채에 책임을 져라.' 코펜하겐에서 NGO와 민중의 목소리는 '기후정의' 하나로 모아졌다.

큰 윤리적인 책임을 져야 한다고 주장했다. 하지만 이 주장은 철저히 무시당했다. 선진국들은 투발루 정부 대표단의 주장이 사실상 중국과 인도 같은 다배출 국가들 역시 온실가스 의무 감축에 동참해야 한다는 것을 의미한다는 사실을 알면서도 현실적인 목표 수치가 아니라며 난처하다는 태도를 취했다. 중국 등 다배출 개도국들은 자신들은 이미 온실가스 감축에 최선을 다하고 있으니 코펜하겐 회의는 선진국들의 온실가스 추가 감축만 논의해야 한다며 언짢아했다. 회의장 밖에서는 '350.org', '기후정의네트워크' 같은 NGO들이 '투발루만이 진정한 협상가다TUVALU is the REAL DEAL'라는 피켓을 들고 지지 시위를 벌였다. 하지만 끝내 당사국들의 태도는 바뀌지 않았다. 투발루 정부 대표단의 제안은 그 뒤 다시는 비중 있게 검토되지 않았다.

코펜하겐 국제 공동 행동의 날 거리 행진에 동참한 세계 각국의 원주민들. 코펜하겐 총회는 이 사람들의 주권을 지키기 위한 희망의 장소이자 절망의 장소이기도 했다.

가라앉고 있는 남태평양 국가나 아마존 같은 열대우림에 살고 있는 토착민은 기후변화 마이너리티를 대표하는 그룹이다. 열대 토착민들은 기후변화 때문에 삶의 터전을 잃거나 생업을 포기하고 있다. 토착민들에게 코펜하겐 회의는 지역에서 살아갈 수 있는 권리를 확보할 수 있는 거의 유일한 계기였다. 그래서 각국의 토착민들이 NGO들의 지원을 받아 어렵게 코펜하겐으로 모여들었다. 피지의 거북이 섬에서 왔다는 토착민 로비 로메로는 "코펜하겐 협상에서 토착민의 목소리가 전혀 반영되지 않고 있다. 이것은 아주 아주 중대한 실수가 될 것"이라며 협상단들을 강하게 비판했다. 선진국들과 일부 개도국들의 머니 싸움에 밀려 남태평양의 국가들이 물속에 잠기는 위기가 외면당하고 있다는 울분이었다.

열대우림에 거주하고 있는 토착민들은 더욱 심각한 상황이다. 협

국제 공동 행동의 날에 참가한 한 시위자가 '기후가 아니라 정치를 바꿔라'라는 피켓을 들고 버스 정류장 지붕 위에 있다. 코펜하겐 총회에서는 우리 사회의 시스템 자체를 바꿔야 한다는 목소리가 높았다.

상가들과 언론들이 코펜하겐 회의의 거의 유일한 성과하고 말하고 있는 REDD 합의는 토착민들에게는 목에 들어온 칼날과 같다. 선진국들이 개도국들에게 삼림 보호를 이유로 재정 지원을 약속하는 경우 해당 국가들은 삼림을 지키겠다는 확실한 공약을 해야 한다. 그런 확실한 공약은 해당 지역을 그린벨트로 묶는 형태로 나타날 가능성이 크고, 그 경우 대대로 삼림에서 살아온 토착민들은 숲을 이용할 권리와 거주할 권리를 빼앗길 수밖에 없다. 이것은 이미 유럽 국가들이 바이오 연료를 이용하기 위해 열대우림에 거대한 농장을 조성할 때 나타난 부작용이다. REDD 합의에서 토착민들의 권리가 언급되기는 했지만, 토착민 단체들은 이것은 속임수에 불과하다며 반발했다. 니카라과 태생의 비앙카 재거는 "토착민들과 지역 사회의 권리를 보장하지 않으면 REDD는 절대 성공할 수 없다. 여기에 관한 법적 책임 부분이 완전히 누락됐다"며 각국 협상단의 합의안을 평가 절하했다.

하지만 토착민들이 의견을 전달할 수 있는 수단은 회의장 밖에서 경찰들의 삼엄한 통제 아래 시위를 진행하는 게 전부였다. 게다가 총회장 근처에서 진행된 시위는 모두 초기에 경찰이 나서서 진압했다. 또 총회장에는 입장객이 너무 많아 안전상의 문제가 있다는 이유로 거의 모든 NGO들이 들어가지 못했다. 그렇게 코펜하겐 총회에서는 토착민들이 생존권과 거수권은 물론이고 시위를 할 수 있는 기본적인 권리마저 제한받고 있었다.

한편 코펜하겐 회의의 협상 기간과 똑같은 시간대에 전세계 NGO들을 주축으로 '클리마포럼 09Klimaforum 09'가 진행됐다. '클리마포럼 09'는 코펜하겐 회의의 평행적인 회의로 각 정부 대표단이 참가하는 당사국 총회의 대안적 성격을 띠고 있다. 클리마포럼 09는 교착 상태에 빠진 코펜하겐 합의를 대신해 〈클리마포럼 09 민중 선언문〉을 발표했다. 전세계 339개의 토착민 단체, 농민단체, 환경단체 등이 서명한 민중 선언문은 협상 대표단이 '기후가 아닌 현재의 시스템을 변화'시켜야 하며, 변화 과정의 중심에 '기후정의'를 세워야 한다고 주장했다. 그리고 코펜하겐 합의에서 '앞으로 5개년 단위의 구체적인 이정표를 세워 30년 안에 화석연료에서 탈피'할 것을 명확히 하자고 제안하고 있다. 또한 선진국들은 '기후 부채'에 책임을 지고 2020년까지 온실가스 40퍼센트를 감축할 것을 요구했다.

민중 선언문은 기후변화 취약 계층의 권리를 폭넓게 요구하고 있는 전세계 마이너리티들의 목소리를 대변하고 있다. 이런 민중 선언문이 얼마나 큰 울림을 가지고 협상 대표단들에게 다가갈 수 있을지는 모르지만, 적어도 코펜하겐 총회가 마이너리티들에게 얼마나 중요한지를 나타내는 지표임에는 틀림없었다. NGO들은 바닥 경쟁의 양상을 보이는 협상이 지구 온난화뿐 아니라 마이너리티들의 피해를 외면하는 것이라고 지적했다. '기후변화의 최전선'이라는 토착민 네트워크를 이끌고 있는 북아메리카의 원주민 톰 골드투스가 집회 연설에서 "당사국들이 우리들의 지구에서 더러운 전쟁을 벌이고 있다"고 격하게 성토한 건 기후변화가 단순히 환경 문제가 아니라 생존의 문제이기 때문이다. 마이너리티들에게 기후변화는 '변화climate change'가 아니라 '대혼돈climate chaos'이었다.

"이것은 재앙이다"

"드디어 우리는 합의를 했다. '코펜하겐 협정'이 전체의 기대를 충족하는 것은 아니다. 하지만 이것은 첫걸음, 본질적인 첫걸음이다."

반기문 UN 사무총장은 코펜하겐 총회 폐막식에서 애써 '합의'의 의미를 강조했다. 하지만 이 말에 동의하는 참석자들은 많지 않았다. 오히려 개도국들의 모임인 G77의 의장국인 수단의 대표는 "유럽에서 600만 명의 사람을 홀로코스트로 밀어 넣었다. 이것은 재앙"이라며 울분을 터뜨렸다. 회의장 밖에서는 여전히 전세계에서 모인 NGO들이 무능력한 각국 정부 대표단을 질타하는 시위가 계속되고 있었다. 21세기 지구의 운명을 결정짓는다던 코펜하겐 총회는 그렇게 씁쓸히 막을 내렸다.

많은 언론과 전문가들이 지적해왔듯 코펜하겐 총회는 단순히 지구 온난화를 막기 위한 환경 협약에 그치지 않는다. 지구 온난화의 원인은 화석연료에서 배출되는 온실가스인데, 화석연료는 현재의 사회를 지탱하는 가장 중요한 요소다. 따라서 기후변화에 대응한다는 의미는 에너지 수요량을 줄여야 한다는 것이고, 그것은 곧 우리 시대가 전환점에 섰다는 뜻이기도 하다. 일부 학자가 기후변화 시대를 '제3의 산업혁명'이나 '문명의 전환기'라고 규정하는 이유가 바로 여기에 있다.

하지만 의제의 중요성에 견줘 코펜하겐 회의는 지구 온난화를 막기 위한 효과적인 대책을 도출해내지 못했다. 처음부터 선진국과 개도국 사이의 설전으로 시작된 협상은 119개국 정상들이 머리를 맞대고 논의한 뒤에도 책임 전가와 탄식만 가득했다. 특히 이번 회의는 교토의정서가 효력을 다하는 2012년 이후 '포스트 2012'를 규정하는 데드라인의 성격을 가지고 있었다. 2007년 발리 총회에서 합의된 발리 로드맵에 따라 2009년까지 논의를 마무리하기로 결정했고, 논의가 끝나더라도 세부 이행 규칙을 정하려면 또 2~3년의 시간이 필요하기 때문에 코펜하겐 총회에서는 반드시 합의를 도출해야 했다. 역설적이게도 코펜하겐 회의가 가진 중차대한 의미 때문에 반쪽짜리 합의가 더 낮은 수준에서 맺어진 것이다. 경제적 부담을 최소화하기 위해 각국이 기후변화 대응이라는 대전제를 버리고 이해관계를 봉합하는 수준에서 회의를 마쳤기 때문이다. 그것이 바로 '코펜하겐 협정Copenhagen Accord'이다.

코펜하겐 협정의 주요 내용은 크게 세 가지다. 첫째, 산업화 이전에 견줘 전지구 온도 상승을 섭씨 2도로 억제해야 한다는 전지구 공유 비전을 세웠다. 2015년에 목표치를 섭씨 1.5도로 낮출 것인지 다시 논의하기로 했다. 둘째, 2010년 1월 31일까지 선진국은 2020년까지의 온실가스 추가적인 감축 목표를, 개도국은 정량적인 감축 목표 없이 감축 계획을 제출하기로 했다. 셋째, 기후변화 취약국의 적응과 완화를 지원하자는 결정을 내렸다. 앞으로 3년간 300억 달러를 긴급 지원하고, 2020년까지는 1000억 달러의 기금을 조성하기로 했다. 이렇게 하기 위해 '코펜하겐 녹색기후 기금Copenhagen Green Climate Fund'을 창설해 운용하기로 결정됐다.

지구 온난화 완화를 위한 주요한 내용이 포함돼 있는데도 코펜하겐 협정이 국제적으로 거센 비난을 받고 있는 가장 큰 이유는 협정에 구속력이 없기 때문이다. 신자유주의에 기반을 둔 현재의 국제 질서는 경쟁과 자국 이기주의가 팽배해 각국의 자발적 행동으로는 과학계가 권고한 수준으로 온실가스를 감축하기란 거의 불가능하다. 따라서 코펜하겐 합의의 가장 주요한 전제는 각국의 감축 활동을 어떻게 의무화할 것이냐 하는 것이었다. 코펜하겐 협정은 기후변화 협약의 공식 결정 사항 Decision-/CP.15이지만, 협정 내용을 그대로 규정한 것이 아니라 협정에 '유의 Takes note'하는 것을 결정한 것이다. 즉 코펜하겐 협정은 참고할 수 있는 논의 사항에 불과하다는 뜻이다. 거의 말장난이나 마찬가지다.

코펜하겐 총회에 참석한 토착민과 NGO들은 총회가 사실상 실패로 끝나면서 지구는 물론이고 각국이 갖는 부담만 크게 늘어났다며 강력하게 비판하고 나섰다. 특히 합의의 열쇠를 쥐고 있는 미국과 중국을 성토하는 분위기였다. 이번 회의를 통해 중국은 온실가스 의무 감축을 할 수 없다는 방침을 관철시켜 초강대국의 위상을 확고히 했다는 평가를 받았다. 하지만 한편으로는 회의를 망친 주범이라며 혹독한 비난을 받기도 했다.

반대로 미국은 국제 사회에서 자신의 위치를 확인하는 동시에 미국이 기후변화 문제를 주도적으로 해결할 능력이 없다는 것을 모순적으로 보여줬다. 미국을 뺀 '포스트 2012' 논의는 불가능하다는 것을 국제 사회에 각인시켰지만, 해결을 주도하기보다는 온실가스 배출량 1위라는 위치 때문에 방어적인 태도에 머물 수밖에 없었다. 협상의 열쇠를 쥐고는 있었지만 기후변화 문제를 해결하는 과정에는 오히려 장애물이 됐던 것이다.

기후변화 협상의 가장 주요한 구실을 해온 EU와 UN의 위치 역시 명확한 한계가 드러났다. 그동안 EU는 그나마 기후변화 대응에 상대적으로 적극적이었지만, 미국과 중국이라는 초강대국들에게 끌려다니며 리더십의 한계를 드러냈다. 더 심각한 것은 UN인데, 2009년 9월 기후변화 정상회의까지 열면서 문제를 해결하려고 노력했지만, 당사국 사이의 이견을 전혀 좁히지 못해 결국 리더십을 의심받는 처지에 이르렀다. 심지어 UN 무용론까지 등장했다.

인류는 끝내 판도라의 상자를 열었다. 공은 이제 2010년 멕시코 칸쿤 총회로 넘어갔다. 상자 속에 남은 '희망'이 무엇일지 이제는 더 이상 궁금하지도 않다. 희망을 끄집어낼 수 있는 건 각국 대표단이 아니라 전세계 민중이라는 건 더할 나위 없이 명확한 사실이기 때문이다.

코펜하겐 총회 기간 중
코펜하겐의 유명 관광지인
인어공주 동상 옆에 세워진
〈동보의 생존〉 조형물.
가난한 흑인 남성이
뚱뚱한 백인 여성을 업고 있는데,
선진국의 풍요가 개발도상국의
희생으로 실현된 것이라는 사실을 상징한다.

코펜하겐에서 기후정의를 실현하자

전세계의 온실가스 배출량은 줄어들기는커녕 오히려 늘어나고 있는 추세다. 인류의 폭주를 막아야만 하는 시점이다. 그래서 우리는 기후변화 협약 제15차 당사국총회(UNFCCC COP15, 이하 COP15)에 주목한다. COP15는 Post-2012 논의를 마무리하기로 한 국제 사회의 약속이다. 또한 우리 시대의 문제점을 반성하고 새로운 세기를 열어가기 위한 시대적 전환점이기도 하다. 따라서 COP15 공동대응단은 COP15가 전세계가 우리 시대의 심각한 위기를 극복하는 계기가 되기 위해 다음과 같이 주장한다.

우리에겐 코펜하겐이 마지노선이다

선진국과 개발도상국 간의 이해관계로 인해 금번 COP15에서 Post-2012에 대한 최종 합의에 도달하지 못할 것이라는 전망이 우세하다. 하지만 우울한 전망으로 현실을 자위하기에는 우리에게 남겨진 시간이 너무나 짧다. 그간의 COP 진행 과정을 보면 목표에 대한 최종 합의가 있더라도 세부 이행 과제 논의에서 많은 시간이 소요된다. 즉 코펜하겐에서 합의가 이뤄지지 않는다면 결국 교토 의정서 효력이 만료되는 2012년과 그 이후 대응 과정에 시간적 격차가 발생할 수밖에 없고 적절한 대응 시기를 놓칠 수밖에 없게 된다.

지구 온난화는 선진국의 책임이다

이론의 여지가 없을 정도로 지구 온난화는 유럽과 미국을 포함한 선진국들의 책임이 명백하다. 그간 선진국들은 화석연료를 독점하며 풍요를 누려왔다. 지구 온난화는 선진국 풍요의 산물이며 따라서 선진국들은 지구 온난화에 대한 거의 모든 책임이 있다. 그러한 기후 부채climate debt에도 불구하고, 개발도상국들에게 책임을 떠넘기는 것은 도덕적으로도 정치적으로도 용서받지 못할 행위다. 우리는 환경 문제 해결의 제1의 원칙이 오염자 부담의 원칙이라는 것을 알고 있다. 선진국은 자신들이 지구 온난화에 기여한 것에 걸맞은 감축 목표를 내놓아야 한다. 우리는 주요 환경단체들이 선진국들에게 요구한, 2020년까지 1990년 대비 최소 40%, 2050년까지 1990년 대비 95% 감축 주장을 지지한다.

배출권 거래제에 대한 환상을 버려라

지구 온난화 대응 비용을 효율적으로 만든다는 미명 하에 도입된 현행의 배출권 거래제는 그간 기후변화에 아무런 도움이 되지 않는다는 게 확인됐다. 막대한 배출권이 인정되어 온실가스의 실질 감축 효과는 없었고, 온실가스 감축 책임이 있는 기업들은 배출권 거래를 통한 이익 창출에 몰두하고 있는 상황이다. 특히 정부는 배출권 거래 제도를 악용하며 사실상 거래 시장의 도덕적 해이를 방치해왔다. 기후변화 대응의 핵심은 이미 지속 불가능할 정도로 에너지를 소비하고 있는 선진 국들이 자국 내에서의 온실가스를 어떻게 줄일 것이냐 하는 것이지 배출권을 구입하여 목표량을 채우는 것이 아니다. 현재까지 제시되고 있는 배출권 거래제 효과는 수학적 환상에 불과하다.

그래서 결론은 '기후정의'다

기후변화 협약은 '공동의common', '차별화된differentiated' 감축 의무를 지는 것이 원칙이지만, 실제 협상 과정에서는 선진국과 개도국 간의 이해 관철을 위한 기제로만 활용되었다. 기존의 기후변화 협상 과정은 각국의 경제적 피해를 최소화하기 위한 이해관계의 갈등 과정에 불과했던 것이다. 그 과정에서 경제·환경적 권리는 물론 생존권마저 위협받는 사회적 약자를 위한 정책은 거의 논의되지 못했다.

가장 대표적인 예가 제3세계, 토착민, 노동자, 농민, 여성 등의 키워드로 정리되는 사회적 약자들에 대한 제도적 폭력이다. 기후변화는 이상기후 현상으로 인한 피해와 기후변화 대응 과정에서 소외되는 피해 등 두 가지로 나눌 수 있다. 노동자, 농민, 토착민, 여성 등 사회 주체들은 기후변화에 취약하면서도 기후변화 대응 과정에서마저 생존권을 위협받거나 사회적 피해가 집중되는, 사실상의 방치 상태에 놓여 있었다. Post-2012 체제에서는 이들의 사회권을 광범위하게 인정하는 조치가 가장 우선되어야 한다.

우리는 한국정부가 부끄럽다

한국은 세계 10위의 에너지 소비국이고, GDP 규모가 15위에 이를 정도로 산업화된 국가다. 현재 30여 개 국가가 부속서1[Annexl]에 포함되어 감축 의무를 받은 상황에서 우리는 누적 배출량마저 세계 22위에 이른다. 한국은 에너지 소비와 온실가스 배출에 관한한 결코 개도국이라고 할 수 없다. 요란했던 국제적 약속과는 반대로 국제적 책임에 걸맞지 않은 감축 목표는 전세계를 기만하는 것과 마찬가지다. 한국 정부 협상단은 지구 온난화 기여도에 상응하는 감축 의무를 공약하여야 한다. 이를 위해 COP15 공동대응단은 한국 정부가 2005년 대비 25% 이상의 목표를 수용할 것을 요구한다.

유엔환경계획, 그린피스, 세계자연보호기금, 옥스팜 등 세계적인 국제기구와 환경단체들이 한국 정부의 '지탄소 녹색성장'에 호의직인 평가를 내놓은 바가 있다. 이는 잘못된 정보를 가지고 한국의 상황을 오인한 것에 불과하다. 한국 정부의 '저탄소 녹색성장'은 핵 발전을 크게 늘려 에너지 수요를 유지하겠다는 것과 천문학적인 비용을 들여 한국에서 가장 큰 네 개의 강 유역을 완전 개발하겠다는 것이 핵심 내용이다. '저탄소 녹색성장'이 아닌 '고탄소 회색성장'에 지나지 않는다. UN환경계획과 국제적인 환경단체들은 한국의 상황을 명확히 인식하고, 한국 정부의 외교 전략에 휘둘리는 일이 없어야 한다. 이를 위해서 COP15 공동대응단을 비롯하여 한국 시민사회의 주장을 경청하고 지지해줄 것을 요청한다.

2009년 12월 3일

COP15 공동대응단

국제노동자교류센터, 민주노동당, 민주노총(건설산업연맹, 공공운수연맹, 발전산업노조, 가스공사지부, 환경관리공단지부), 에너지기후정책연구소, 에너지노동사회네트워크, 에너지시민회의(기독교환경연대, 녹색교통, 녹색연합, 부안시민발전소, 불교환경연대, 생태지평, 여성환경연대, (사)에너지나눔과평화, 에너지정의행동, 한국YMCA전국연맹, 환경과공해연구회, 환경운동연합, 환경정의), 전농, 전여농, 진보신당 녹색위원회, 한국노총

* COP15 한국 참가단의 공동 성명서 중 일부 내용을 발췌했다.